もくじ

6　流れる水のはたらき

45	流れる水のはたらき①	/40	46	流れる水のはたらき②	/40
47	流れる水のはたらき③	/40	48	流れる水のはたらき④	/40
49	流れる水と土地の変化①	/40	50	流れる水と土地の変化②	/40
51	流れる水と土地の変化③	/40	52	流れる水と土地の変化④	/40
53	川とわたしたちのくらし①	/40	54	川とわたしたちのくらし②	/40
55	川とわたしたちのくらし③	/40	56	川とわたしたちのくらし④	/40

7　もののとけ方

57	もののとけ方①	/40	58	もののとけ方②	/40
59	もののとけ方③	/40	60	もののとけ方④	/40
61	水よう液の重さ①	/40	62	水よう液の重さ②	/40
63	器具の使い方①	/40	64	器具の使い方②	/40
65	水にとけるものの量①	/40	66	水にとけるものの量②	/40
67	水にとけるものの量③	/40	68	水にとけるものの量④	/40
69	とけているものをとり出す①	/40	70	とけているものをとり出す②	/40

8　ふりこのきまり

71	ふりこのきまり①	/40	72	ふりこのきまり②	/40
73	ふりこのきまり③	/40	74	ふりこのきまり④	/40

9　電流のはたらき

75	電磁石の性質①	/40	76	電磁石の性質②	/40
77	電磁石の性質③	/40	78	電磁石の性質④	/40
79	電磁石の性質⑤	/40	80	電磁石の性質⑥	/40
81	電流計・電源そう置①	/40	82	電流計・電源そう置②	/40
83	電磁石の利用①	/40	84	電磁石の利用②	/40

1 発芽の条件①

月　　日

点/40点

◎ 次のように、温度と空気の条件を同じにして、インゲンマメの発芽に水が必要かどうか調べました。

表の(　　)にあてはまる言葉を［　　］から選びかきましょう。

（各８点）

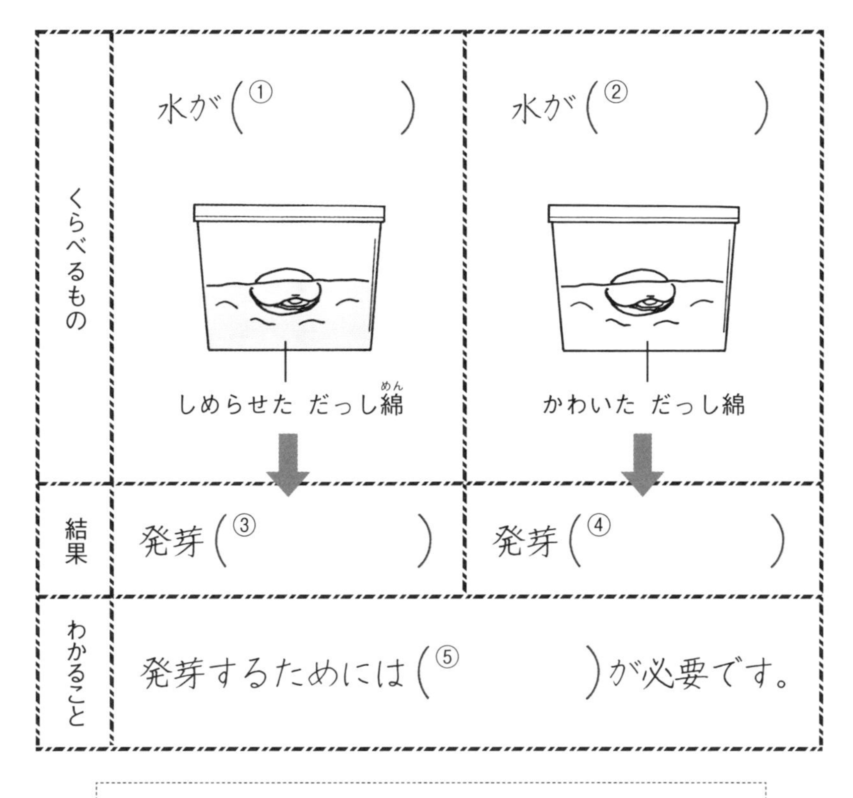

くらべるもの	水が(①　　　　)	水が(②　　　　)
	しめらせた　だっし綿	かわいた　だっし綿
結果	発芽(③　　　　)	発芽(④　　　　)
わかること	発芽するためには(⑤　　　　)が必要です。	

ある	する	ない	しない	水

2 発芽の条件②

月　　日

点/40点

◎ 次のように、温度と水の条件を同じにして、インゲンマメの発芽に空気が必要かどうか調べました。

表の(　　)にあてはまる言葉を[　　]から選びかきましょう。

（各8点）

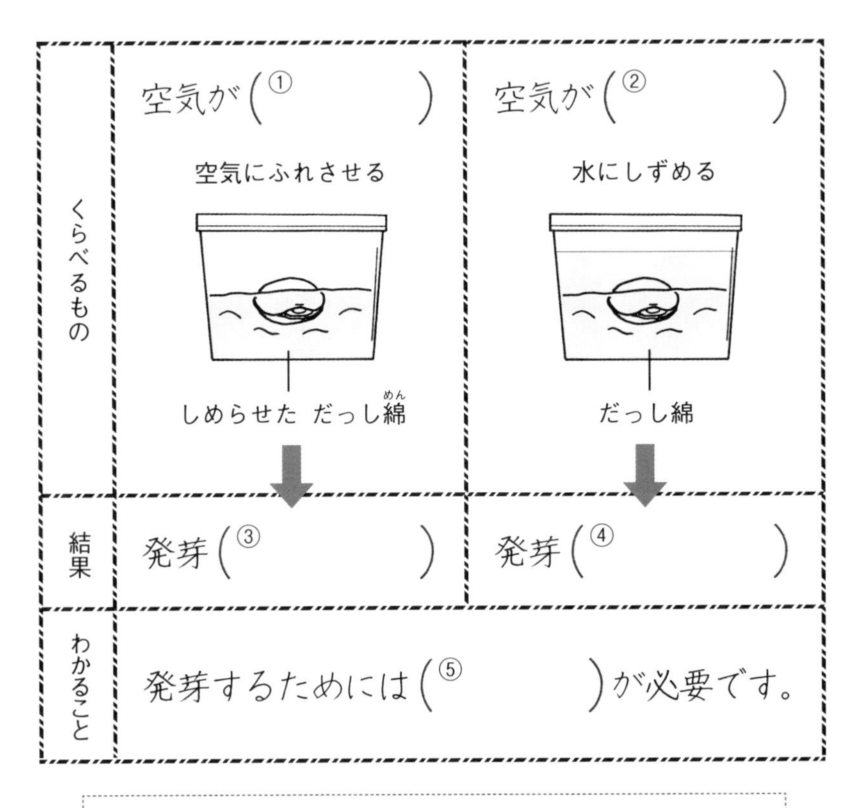

くらべるもの	空気が（①　　　） 空気にふれさせる しめらせた　だっし綿	空気が（②　　　） 水にしずめる だっし綿
結果	発芽（③　　　）	発芽（④　　　）
わかること	発芽するためには（⑤　　　）が必要です。	

しない　　ない　　空気　　ある　　する

発芽の条件③

月　日

点/40点

次のように、水と空気の条件(じょうけん)を同じにして、インゲンマメの発芽に適当(てきとう)な温度が必要かどうか調べました。

表の(　　)にあてはまる言葉を[　　]から選びかきましょう。

(各8点)

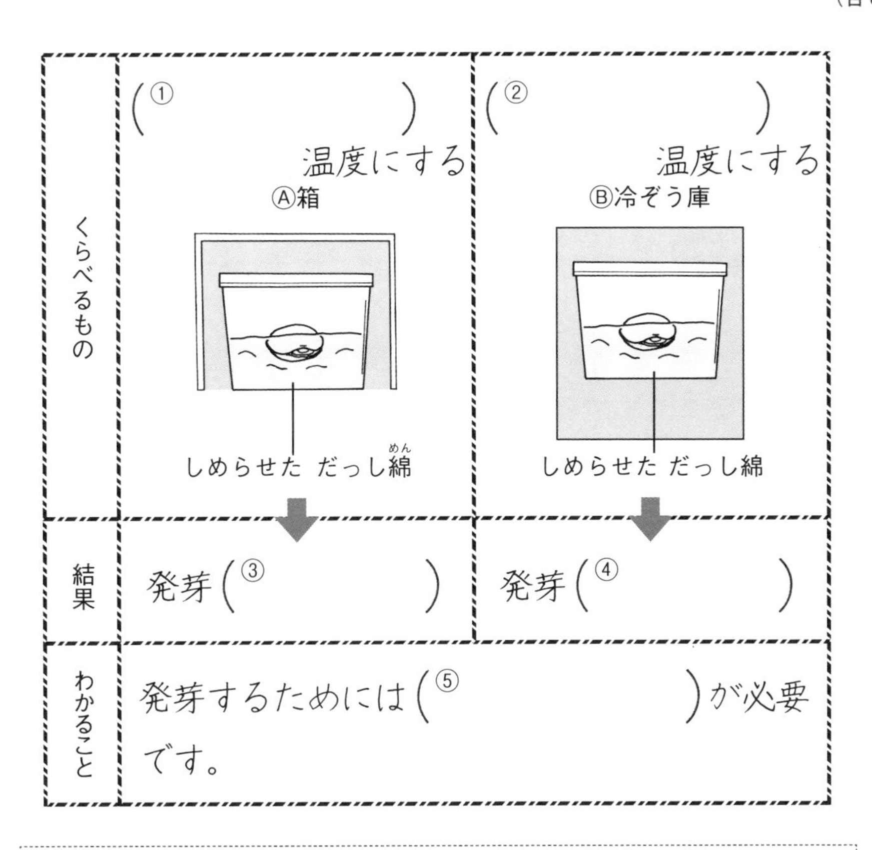

くらべるもの	(①　　　　)温度にする Ⓐ箱 しめらせた だっし綿(めん)	(②　　　　)温度にする Ⓑ冷ぞう庫 しめらせた だっし綿
結果	発芽(③　　　　)	発芽(④　　　　)
わかること	発芽するためには(⑤　　　　)が必要です。	

適当な　　低い　　する　　しない　　適当な温度

4 発芽の条件④

月　日

点/40点

次の（　）にあてはまる言葉を［　］から選びかきましょう。

（各5点）

(1) 種子の発芽で、（①　　）やだっし綿のはたらきは、（②　　）をたくわえておくことです。

日光は発芽に直接関係はありませんが、（③　　）を保つために必要なのです。それは（④　　）などでおおった実験でも種子は（⑤　　）することでもわかります。

土	水分	箱	発芽	温度

(2) 種子の発芽する温度は（①　　）の種類によってことなります。

多くの植物の種子は（②　　）には発芽しません。それは温度が（③　　）からです。

冬	低い	植物

5 種子のつくり①

月　日

点/40点

1 次の(　　)にあてはまる言葉を[　　]から選びかきましょう。

(各5点)

インゲンマメの種子は、水につけてしばらくおくと(①　　　　　)なり、皮がとれやすくなります。皮をとりのぞくと、中は大きく(②　　　　)に分かれます。これを(③　　　　)といい、発芽のための(④　　　　)をたくわえているところです。

養分	やわらかく	2つ	子葉

2 発芽してしばらくすると、Ⓐが Ⓑのように育ちます。

Ⓐの①～④の部分は、Ⓑの㋐～㋓のどの部分になりますか。(　　)に記号をかきましょう。

① (　　)

② (　　)

③ (　　)

④ (　　)

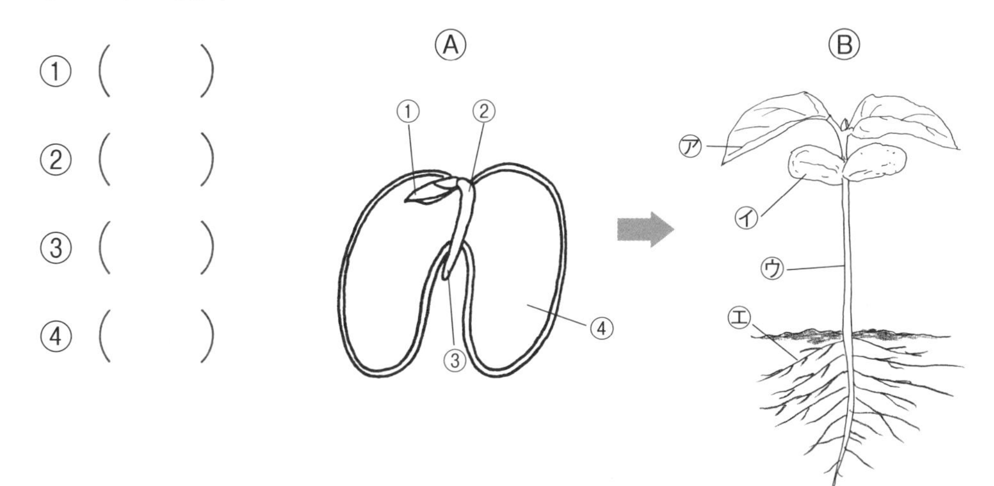

6 種子のつくり②

月　日

点/40点

図はトウモロコシの発芽についてかいたものです。次の（　　）にあてはまる言葉を□から選びかきましょう。（各5点）

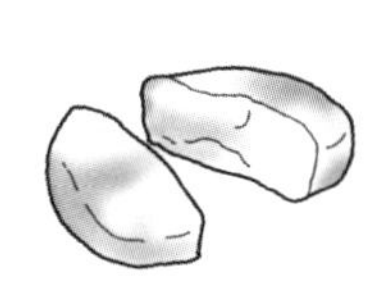

トウモロコシの種子

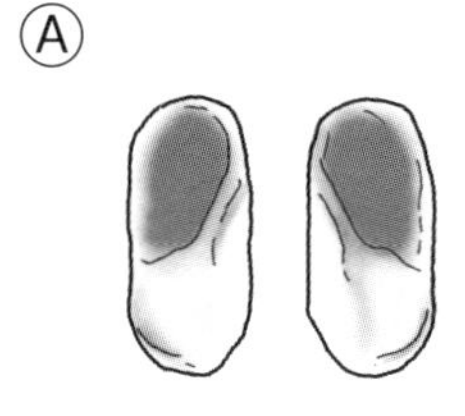

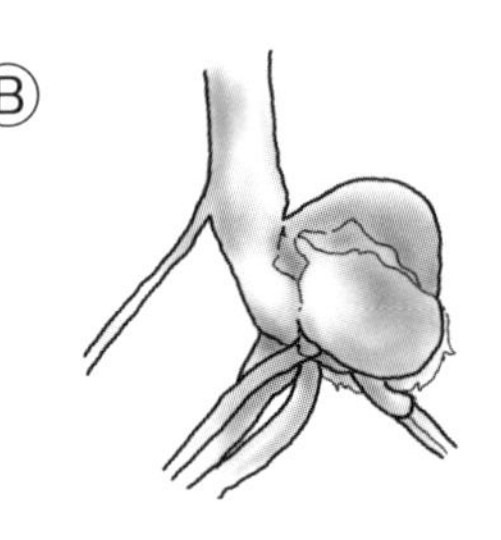

(1)　Ⓐはトウモロコシの（①　　　）を2つに切って（②　　　）液（えき）をつけたものです。

種子の中に（③　　　）があるので（④　　　）に変わりました。

ヨウ素（そ）	青むらさき色	でんぷん	種子

(2)　Ⓑは発芽して（①　　　）に（②　　　）液をつけました。色はあまり（③　　　）でした。このことから、トウモロコシの発芽には、（④　　　）が使われたことがわかります。

しばらくたったもの	変わりません	ヨウ素	でんぷん

7 植物の成長と日光・養分①

月　日

点/40点

日光と植物の成長との関係を次のようにして調べました。表の(　　)にあてはまる言葉を□から選びかきましょう。(各5点)

		日光に(① 　　)	日光にあてない
くらべること		肥料(ひりょう)を入れた水をあたえる	肥料を入れた水をあたえる
結果	葉の色	(② 　　)	(③ 　　)
	葉の数	(④ 　　)	(⑤ 　　)
	くき	(⑥ 　　)	(⑦ 　　)
わかること		植物がよく育つためには(⑧ 　　)が必要です。	

あてる　うすい緑色　こい緑色　多い　少ない
細くてひょろり　太くてしっかり　日光

8 植物の成長と日光・養分②

月　日

点/40点

次の(　　)にあてはまる言葉を[　　]から選びかきましょう。

(各8点)

同じぐらいに育ったインゲンマメのなえを肥料(ひりょう)のあるもの、ないもの、日光のあたるもの、あたらないもので育てました。

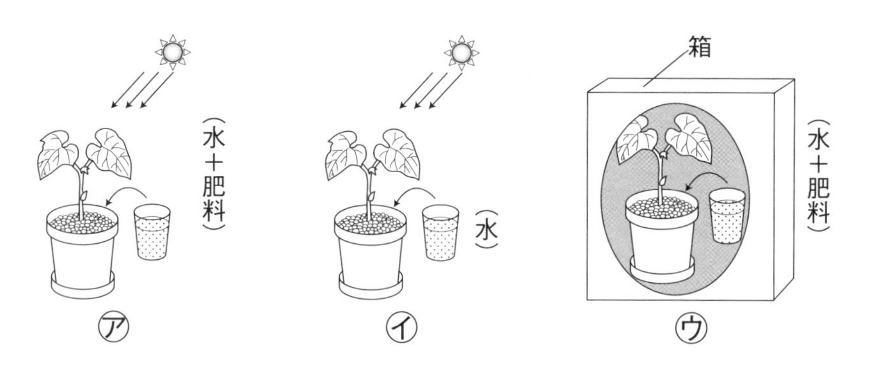

2週間後

㋐は葉の緑色がこく、葉も(①　　　　)なっていました。

㋑は植物のたけが(②　　　　)、葉はあまり大きくなっていませんでした。

㋒は葉の緑色が(③　　　　)なっていました。

植物が成長するには(④　　　　)と(⑤　　　　)が必要なことがわかりました。

日光　　肥料　　低く　　うすく　　大きく

9 雲と天気の変化①

月　日

点/40点

1　次の(　　)にあてはまる言葉を□から選びかきましょう。

（各４点）

空には、いろいろな(①　　)の雲があり、雲の形や(②　　)は(③　　　　)とともにようすが変わります。

空全体の雲の量が０～８のとき、(④　　　)とします。また、９～10のときを(⑤　　　)とします。

形　　量　　くもり　　晴れ　　天気の変化

2　雲の特ちょうと天気について、あとの問いに答えましょう。
写真の雲の名前を□から選びかきましょう。　（各５点）

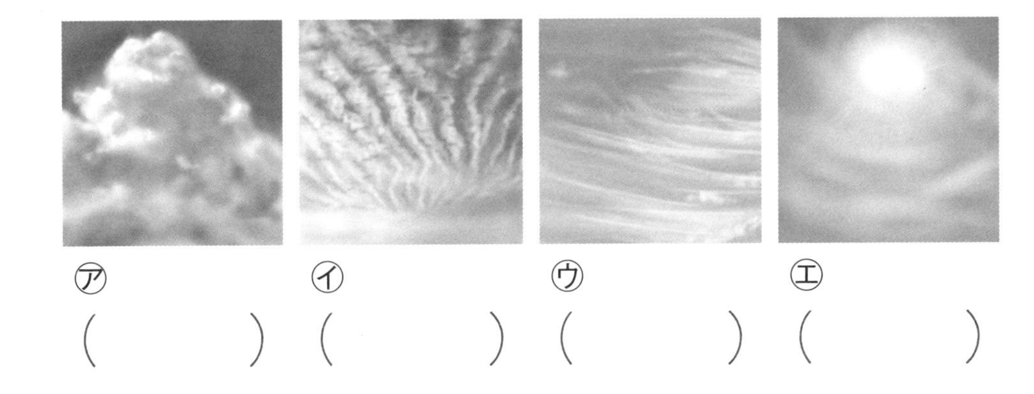

㋐(　　　)　㋑(　　　)　㋒(　　　)　㋓(　　　)

うろこ雲　　すじ雲　　入道雲　　うす雲

10 雲と天気の変化②

月　日

点/40点

天気の変化を知るための気象情報についてかいてあります。次の(　　)にあてはまる言葉を□から選びかきましょう。(各5点)

(1) 百葉箱の中には、ふつう(①　　　　)、最高・最低温度計、むし暑さをはかる(②　　　　)が入っています。また、空気のこい、うすいをはかる(③　　　　)などもあると便利です。

その近くには、しばふの地面にうめこまれた雨量計や、柱の上にとりつけられた(④　　　　　)もあります。

風向・風力計　　しつ度計　　気圧計　　記録温度計

(2) 風は、ふいてくる方位を名前につけてよびます。あのように南からふいてくる風のことを(①　　　　)といいます。

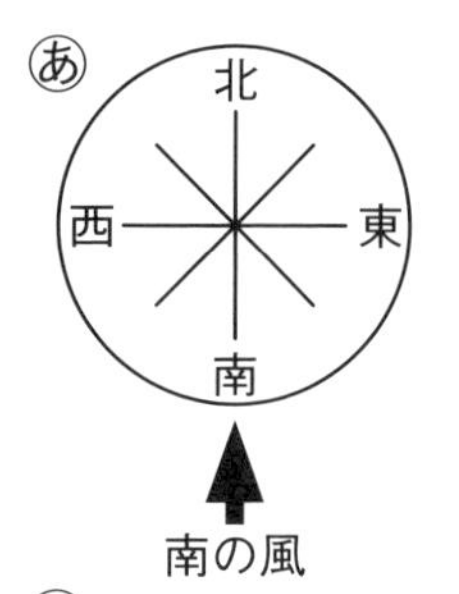

風の強さを(②　　　　)といい、ふきながしなどではかります。

(③　　　　)は1時間に雨が何mmふったかを表します。いの場合は(④　　　　)になります。

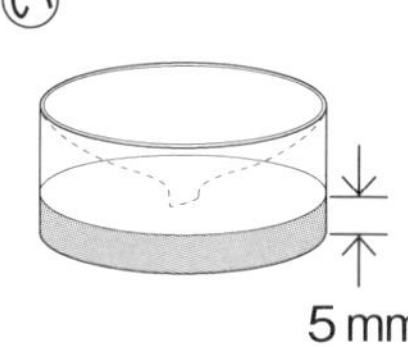

風力　　南風　　雨量　　5mm

11 雲と天気の変化③

月　日

点/40点

次の雲の写真について、あとの問いに答えましょう。（各８点）

㋐ 

（　　　　　　）

㋑ 

（　　　　　　）

(1) 上の㋐、㋑の雲の名前はうろこ雲ですか、それとも入道雲ですか。それぞれ、上の（　　）に答えましょう。

(2) 夏の日差しの強い日によく見られる雲は、㋐、㋑のどちらですか。記号で答えましょう。

（　　　）

(3) 短い時間に、はげしい雨をふらせるのは、㋐、㋑のどちらですか。記号で答えましょう。

（　　　）

(4) 時間がたつと、おだやかな雨をふらせることがあるのは、㋐、㋑のどちらですか。記号で答えましょう。

（　　　）

12 雲と天気の変化④

月　日

点/40点

次の天気や気象（きしょう）についてかかれた文で、正しいものには○を、まちがっているものには×をつけましょう。（各４点）

①（　　）風力１と風力５では風力１の方が強い風です。

②（　　）図の㋐は南西の風といいます。

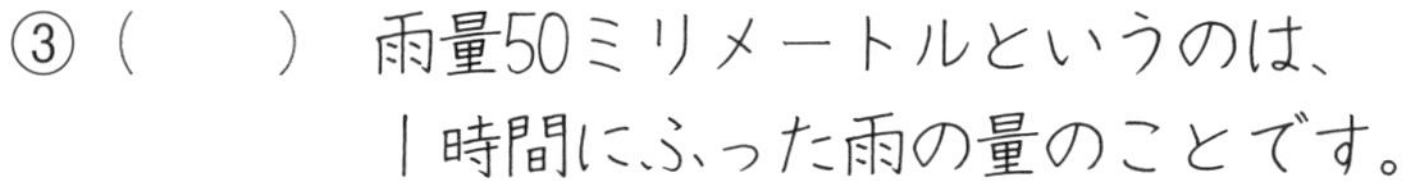

③（　　）雨量50ミリメートルというのは、１時間にふった雨の量のことです。

④（　　）しつ度が高いとき、むし暑いです。

⑤（　　）入道雲は夕立ちをふらせます。

⑥（　　）天気で晴れというのは空全体の雲の量で０～５のことをいいます。

⑦（　　）太陽が見えるときは、空全体の雲の量が９でも晴れです。

⑧（　　）雲の形や量は、時こくによって変わります。

⑨（　　）雲のようすが変わっても天気は変わりません。

⑩（　　）雲には雨をふらせるものとそうでないものがあります。

13 天気の変化のきまり①

日本の天気の変化について、図を見て次の(　　)にあてはまる言葉を□から選びかきましょう。（各５点）

㋐ 10月１日 10時　㋑ 10月２日 10時　㋒ 10月３日 10時

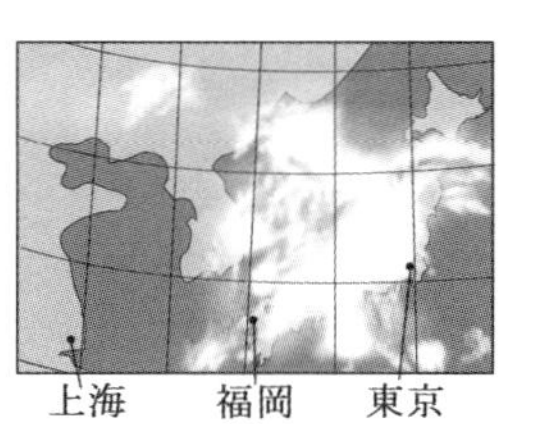

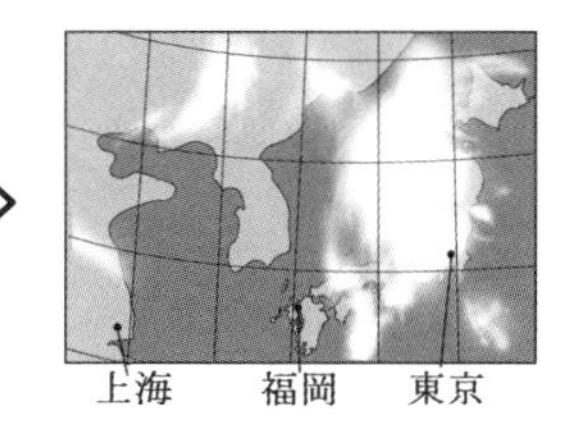

(1) 日本の上空では(①　　　)から(②　　　)に偏西風という名前の風がふいています。中国の上海の雲は、よく日(③　　　)へ、そのよく日には、(④　　　)へやってきます。

東　西　東京　福岡

(2) 図の白い部分は(①　　　)です。このかたまりは、時間がたつと(②　　　)から(③　　　)へと移動します。

このように、日本の天気は、(④　　　)にえいきょうされて西から東へ変わっていきます。

東　西　雲　偏西風

14 天気の変化のきまり②

月　日

点/40点

次の(　　)にあてはまる言葉を□から選びかきましょう。

(各５点)

(1) 次の図は、それぞれ気象情報を表しています。

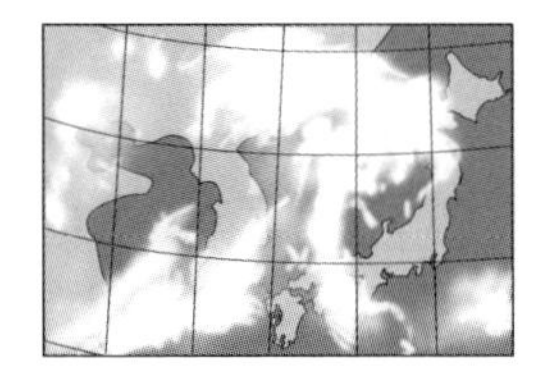

㋑
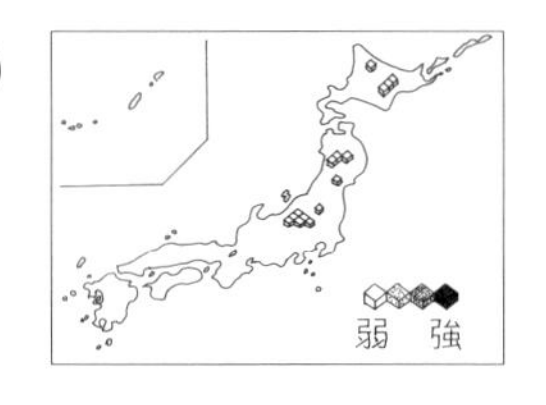

㋒
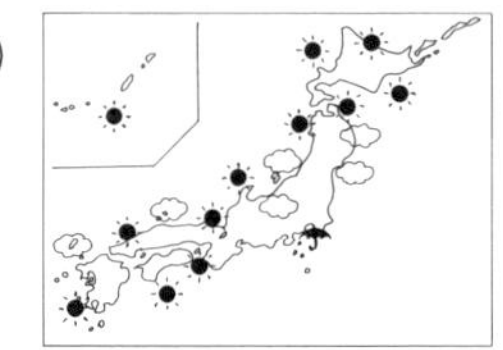

㋐は(①　　　　　　)による雲画像です。

㋑は(②　　　　　　)の雨量を表し、㋒はテレビなどでもよく見かける(③　　　　　　)を表す気象情報です。

各地の天気　アメダス　気象衛星

(2) アメダスは、地いき気象観測システムといい、全国におよそ(①　　　　)カ所設置されています。(②　　　　)、風速、気温などを(③　　　　)に観測しています。気象衛星による観測は広いはん囲を一度に観測することができます。これによって、(④　　　　　)などを調べることができます。各地の天気は、全国にある(⑤　　　　)や測候所が観測しているものを集め、調べたものです。

雲の動き　気象台　雨量　自動的　1300

15 天気の変化のきまり③

月　日

点/40点

◎ 次の(　　)にあてはまる言葉を[　　]から選びかきましょう。

(各5点)

(1) 図㋐、㋑、㋒は、何という気象情報(きしょうじょうほう)ですか。

㋐

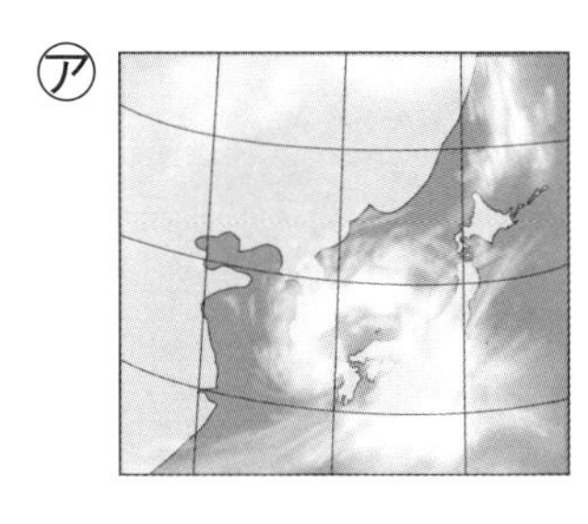

㋑

10日
11時～12時
弱　強

㋒

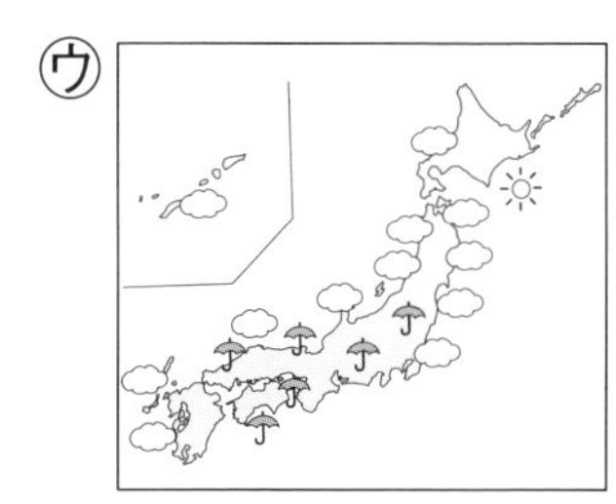

(①　　　　　　) (②　　　　　　) (③　　　　　　)

アメダスの雨量　　各地の天気　　気象衛星(えいせい)の雲画像(がぞう)

(2) アメダスの雨量情報は、各地の(①　　　)を(②　　　　)にはかり、(③　　　)のふっている地いきを表します。

自動的　　雨　　雨量

(3) ㋒の図を見て答えましょう。

Ⓐ 九州地方の天気は何ですか。　(　　　　　)

Ⓑ 近畿(きんき)地方の天気は何ですか。　(　　　　　)

16 天気の変化のきまり④

月　　日

点/40点

次の雲画像を見て、あとの問いに答えましょう。　（各10点）

(1)　Ⓐ、Ⓑの地点の天気は、それぞれ晴れ・雨のどちらですか。

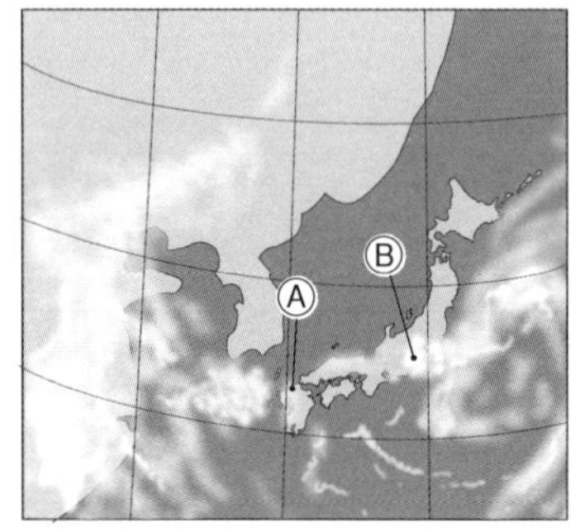

5月7日　10時

(2)　Ⓐ、Ⓑの地点の天気は、これからどのように変わりますか。あとの㋐～㋒から選びましょう。

Ⓐ（　　　　）　Ⓑ（　　　　）

㋐　雲が広がり雨がふり出します。

㋑　雨がやんで、晴れてきます。

㋒　このまましばらく雨がふり続きます。

17 季節と天気・台風①

月　日

点/40点

次の文は、日本の季節ごとの天気のようすをかいています。次の(　　)にあてはまる言葉を［　］から選びかきましょう。

(各5点)

(1) 春は、(①　　　　)がふいてあたたかくなります。天気は(②　　　　　)なります。

6月から7月の長雨のことを(③　　　　)といいます。

夏は、日照りが続き、短時間にはげしい雨がふる(④　　　　)があったりします。

梅雨(つゆ)　夕立　南風　変わりやすく

(2) 秋は、天気が変わりやすく(①　　　　)があったり、秋晴れになったりします。この時期、(②　　　　)が日本に上陸したりします。

冬は、シベリアなどから(③　　　　)の季節風がふきます。日本海には、すじ雲が見られ(④　　　　)がふったりします。

北西　長雨　雪　台風

18 季節と天気・台風②

月　日

点/40点

(1)　次の文は台風についてかいたものです。次の(　　)にあてはまる言葉を[　　]から選びかきましょう。　(各４点)

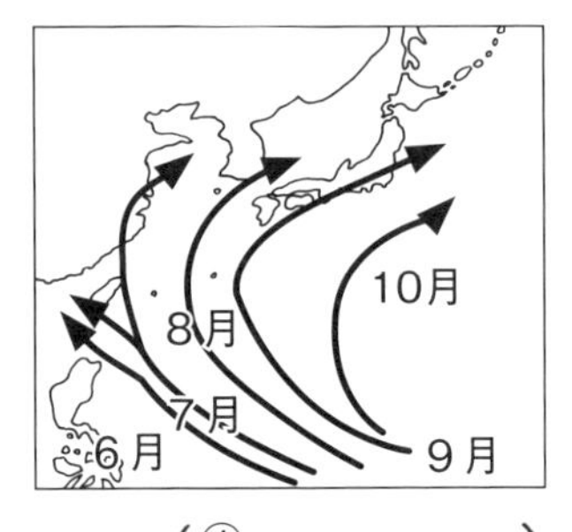

台風が近づくと(①　　　　)が強くなり、ときには各地に(②　　　　)をもたらすこともあります。

台風は日本の(③　　　　)の海上で発生し(④　　　　)にかけて日本付近にやってきます。台風の雲は、ほぼ(⑤　　　　)で、反時計回りのうずをまいています。

雨や風	円形	夏から秋	災害(さいがい)	南

(2)　下の図の①～④について答えましょう。

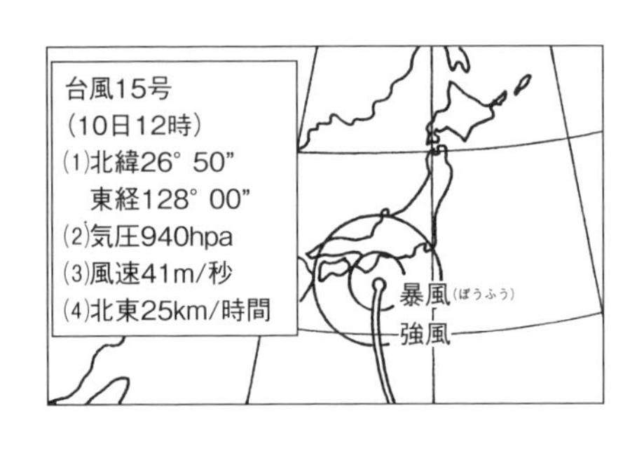

①　北緯(ほくい)26° 50″、東経(とうけい)128° 00″は台風の(　　　　)を表しています。

②　940 hpaは、台風の(　　　　)を示(しめ)しています。

③　41m/秒は(　　　　)を示しています。

④　北東25km/時間は、台風の進む(　　　　)とその(　　　　)を示しています。

19 季節と天気・台風③

月　　日

点/40点

次の(　　)にあてはまる言葉を[　　]から選びかきましょう。

（各５点）

台風

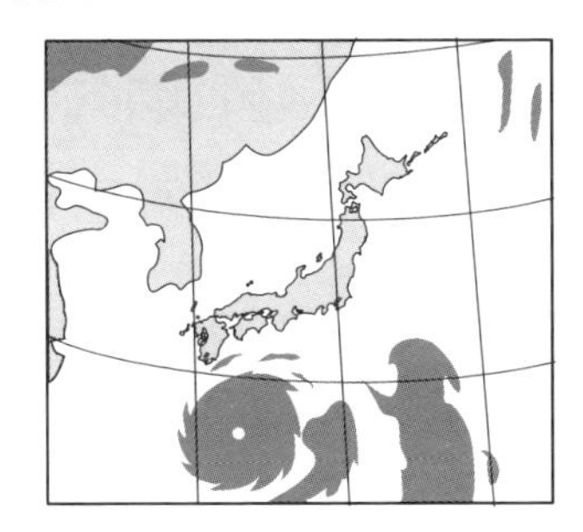

８月12日午前９時

台風は、夏から秋にかけて、海水が太陽に強くあたためられた南の海上で発生します。

そして、(①　　　　　)をたくさんふくんで、発達しながら北へ向かい、日本の近くまでやってきます。

大量の雲は強い(②　　　　)とともに大きな(③　　　　)をつくります。

このうずの中心は(④　　　　)といい、青空が見えたりもします。

台風が通る近くでは、(⑤　　　　)や(⑥　　　　)が大変強く、(⑦　　　　　)や(⑧　　　　　)など大きな災害(さいがい)をひきおこしたりします。

こう水　　土砂(どしゃ)くずれ　　水じょう気　　うず 雨　　風　　風　　台風の目

20 季節と天気・台風④

月　日

点/40点

図は、台風が日本付近にあるときのようすを表したものです。

（各10点）

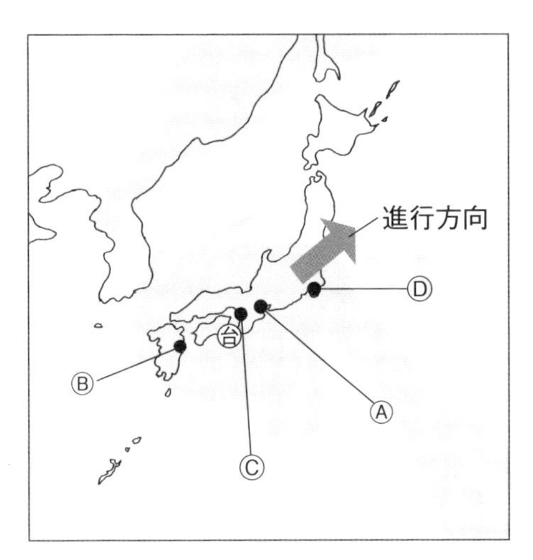

(1)　Ⓒの場所では、しばらくすると、とつぜん晴れ間が見えました。これを何といいますか。

（　　　　　）

(2)　図のⒶ、Ⓑの場所のようすについて正しいものを㋐、㋑、㋒から選びましょう。

Ⓐ（　　　）　Ⓑ（　　　）

㋐　しだいに風雨が強くなります。

㋑　強風がふき、はげしく雨がふっています。

㋒　風雨がおさまってきます。

(3)　Ⓓの場所では、風は、主にどちらからふいていますか。北西・北東・南西・南東のどれかを選び、かきましょう。

（　　　）

21 メダカの飼い方①

月　日

点/40点

1　図は、メダカのめすとおすのようすを表したものです。めすとおすのちがいがわかるように、(　　)にあてはまる言葉を［　　］から選びかきましょう。　(各4点)

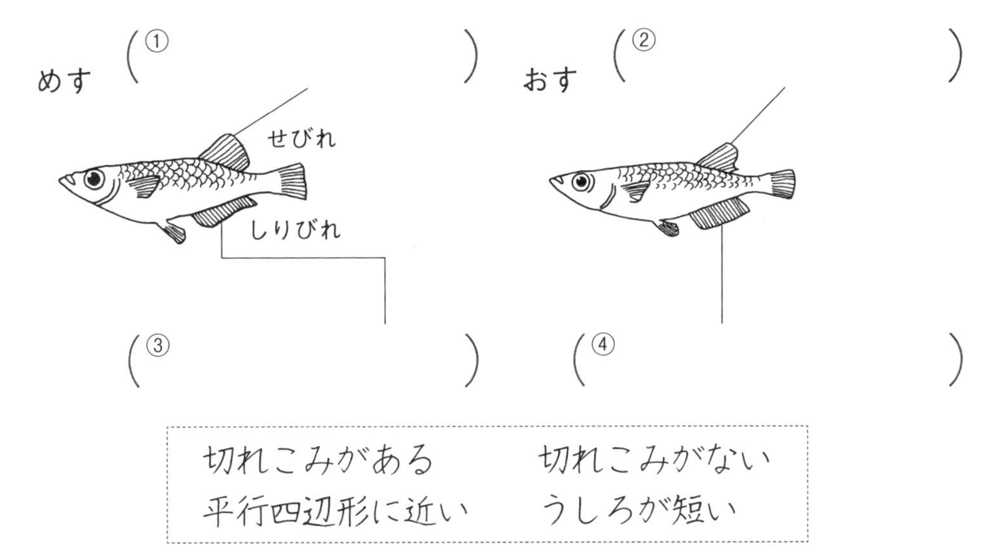

切れこみがある　切れこみがない
平行四辺形に近い　うしろが短い

2　次の文で正しいものに○、まちがっているものに×をつけましょう。　(各4点)

① (　　)　水温は高いほうが良い。

② (　　)　水温は25℃くらいが良い。

③ (　　)　おすのはらは、ふくれている。

④ (　　)　くみおきの水道の水で飼(か)うことができる。

⑤ (　　)　えさはたくさんあたえる。

⑥ (　　)　水かえは1度に全部入れかえる。

22 メダカの飼い方②

月　日

点/40点

◎ メダカの飼い方について、次の(　　)にあてはまる言葉を□から選びかきましょう。　(各5点)

(1) 水そうは、日光が直接あたらない、(①　　　)、平らなところに置きます。

水そうの底には、水であらった(②　　　　)をしきます。

水は(③　　　　)したものを入れて、たまごをうみやすいように(④　　　)を入れます。

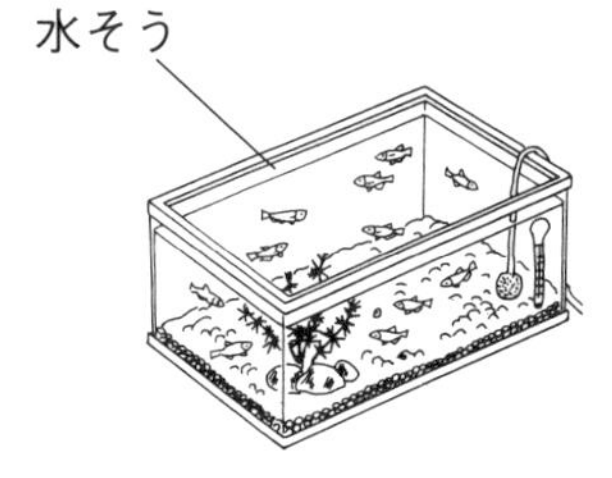

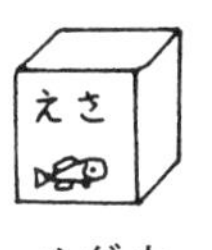

メダカのえさ

イトミミズ

かんそうミジンコ

小石やすな	明るい	くみおき	水草

(2) メダカは(①　　　　　)を混ぜて飼います。えさは(②　　　　)が出ない量を毎日(③　　　　)あたえます。水がよごれたら、(④　　　　)した水と半分ぐらい入れかえます。

くみおき	おすとめす	1～2回	食べ残し

23 メダカのたんじょう①

月　日

点/40点

次の文は、メダカのたまごについてかいたものです。図を見て(　　)にあてはまる言葉を□から選びかきましょう。(各４点)

(受精から数時間後のたまご)

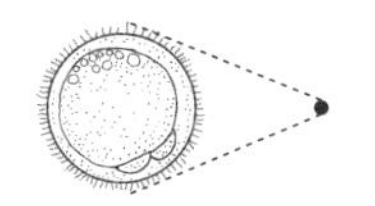

実際の大きさは
１mmくらい

(1) メダカのめすは(①　　　　)が高くなると(②　　　　)をうむようになります。たまごは、(③　　　　)にうみつけられます。

水草　水温　たまご

(2) たまごの形は(①　　　　)、中は(②　　　　)います。まわりには毛のようなものがはえていて、大きさは約(③　　　　)くらいです。

１mm　丸く　すき通って

(3) めすのうんだ(①　　　　)と、おすが出した(②　　　　)とが結びついて(③　　　　)ができます。受精するとたまごは(④　　　　)しはじめます。

精子　たまご　受精卵　成長

24 メダカのたんじょう②

月　日

点/40点

◎ 下の図は、メダカのたまごと、かえったばかりのメダカのようすをかいたものです。あとの問いに答えましょう。（各10点）

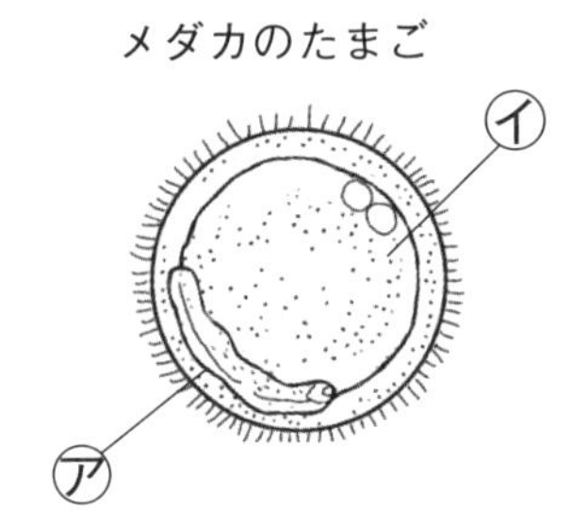

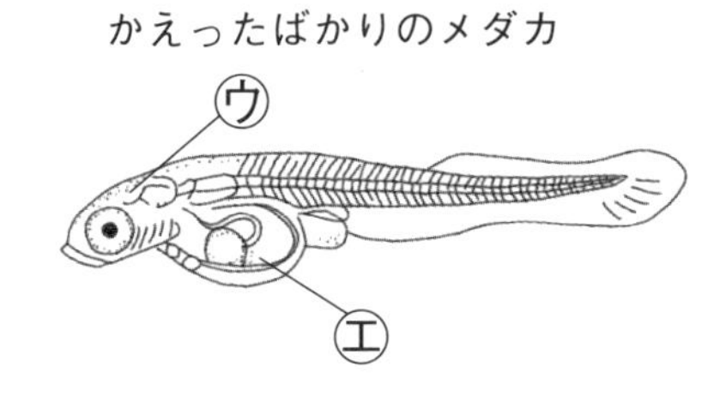

(1) メダカのたまごの大きさは、何mmくらいですか。

（　　　　）

(2) メダカのたまごでは、育つための養分がたくわえられているのは、㋐と㋑のどちらですか。

（　　　　）

(3) かえったばかりのメダカでは、養分が入っているのは㋒と㋓のどちらですか。

（　　　　）

(4) かえったばかりのメダカには、えさがいりますか、それともいりませんか。

（　　　　）

25 メダカのたんじょう③

月　日

点/40点

メダカのたまごの図と記録文で、あうものを線で結びましょう。

（各８点）

 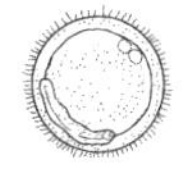 ・

 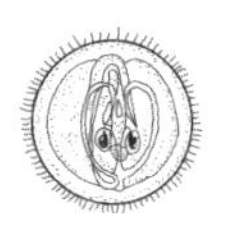 ・

  ・

 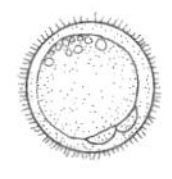 ・

 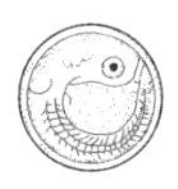 ・

・ⓐ 11～14日目
からをやぶって出てくる

・ⓘ ２日目
からだのもとになるものが見えてくる

・ⓤ 8～11日目
たまごの中でときどき動く

・ⓔ ４日目
目がはっきりしてくる

・ⓞ 数時間後
あわのようなものが少なくなる

26 メダカのたんじょう④

月　日

点/40点

◎ メダカのたまごの変化を調べました。

観察の方法について、次の文のうち正しいものに○、まちがっているものに×をつけましょう。（各５点）

①（　　）たまごのついているめすをとり出して観察します。

②（　　）たまごを水草といっしょにとり出して、水の入ったペトリ皿に入れて観察します。

③（　　）たまごを水草から外して、ペトリ皿に入れて観察します。

④（　　）くわしく観察するには、解（かい）ぼうけんび鏡を使います。

⑤（　　）解ぼうけんび鏡で見るときには、スライドガラスの上にたまごをのせます。

⑥（　　）１～２日おきに、時こくを決めて、同じたまごを観察します。

⑦（　　）解ぼうけんび鏡で見るときには、ペトリ皿のなかのたまごを見ます。

⑧（　　）子メダカは、親メダカとは別の入れ物に入れておきます。

27 けんび鏡の使い方①

月　日

点/40点

次の(　)にあてはまる言葉を□から選びかきましょう。

(各4点)

(1) 目では見えにくい小さい物や、細かい(①　　　)を調べるときは、けんび鏡を使います。

けんび鏡には10～20倍にかく大して観察することができる(②　　　)けんび鏡や、(③　　　)倍にかく大して観察することができるけんび鏡もあります。

つくり　　解(かい)ぼう　　400～600

(2) 使うときには、目をいためないように(①　　　)が直接(ちょくせつ)あたらない、(②　　　)ところで見ます。

けんび鏡を持つときは、(③　　　)をしっかりにぎり、台を下から支(ささ)えて持ちます。

日光　　うで　　明るい

(3) けんび鏡では、倍率(ばいりつ)を上げるほど見えるはん囲(い)が(①　　　)なります。

倍率は、(②　　　)と(③　　　)の倍率の(④　　　)で表します。

対物レンズ　　接眼(せつがん)レンズ　　かけ算の積　　せまく

28 けんび鏡の使い方②

月　日

点/40点

🌀 次の(　　)にあてはまる言葉を［　］から選び、記号でかきましょう。

(各5点)

(1) けんび鏡は直接(ちょくせつ)(①　　　)のあたらないところに置きます。

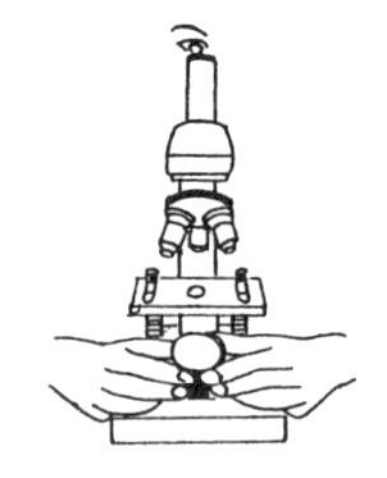

(2) 一番(②　　　)倍率(ばいりつ)にして(③　　　)をのぞきながら(④　　　)の向きを合わせて、明るく見えるようにします。

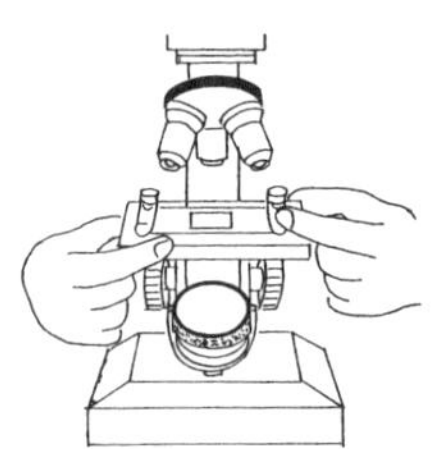

(3) プレパラートを(⑤　　　)の上にのせ、見たいものが、あなの中央にくるようにします。

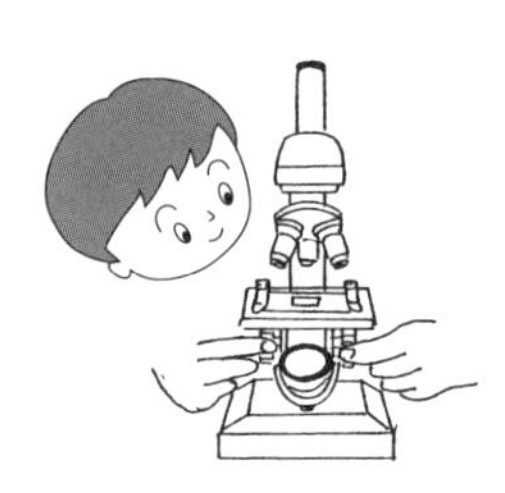

(4) 横から見ながら(⑥　　　)を少しずつ回し、(⑦　　　)とプレパラートの間を(⑧　　　)します。

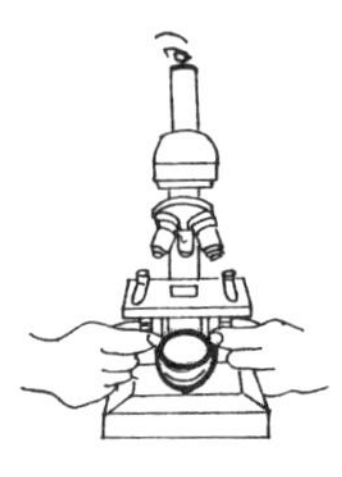

(5) (③)をのぞきながら(⑥)を回しピントを合わせます。

㋐ 調節ねじ	㋑ 対物レンズ	
㋒ 接眼(せつがん)レンズ	㋓ 反しゃ鏡	㋔ のせ台
㋕ 日光	㋖ 低い	㋗ せまく

29 動物のたんじょう①

月　日

点/40点

1　次の動物はどんなすがたでうまれますか。たまごでうまれるものに○をつけましょう。（各２点）

（　）トラ　（　）サケ　（　）カエル

（　）カラス　（　）カメ　（　）ウサギ

（　）ネコ　（　）ウシ　（　）ゴキブリ

2　次の表は、いろいろなほ乳（にゅう）動物のおよそのにんしん期間（母親の体内にいる期間）をくらべたものです。（　）にあてはまる数字を[　]から選んでかきましょう。（各５点）

動物	にんしん期間	動物	にんしん期間
ゾウ	（①　）	イヌ	70日
ウシ	300日	ウサギ	（②　）

600日　30日

3　次の文は、ヒトやメダカのことについてかいてあります。メダカだけにあてはまるものには×、ヒトだけにあてはまるものには○、両方にあてはまるものには△をつけましょう。（各５点）

①（　）子どもはたまごの中で成長します。

②（　）たんじょうするまでに約270日もかかります。

③（　）受精（じゅせい）しないたまごは、成長しません。

④（　）へそができます。

30 動物のたんじょう②

月　日

点/40点

たくさんたまごをうむ動物について調べました。次の(　　)にあてはまる言葉を[　　]から選びかきましょう。(各5点)

(1) イワシやシシャモは、一生の間に(①　　　　　)個のたまごをうむといわれています。なぜこんなにたくさんのたまごをうむのでしょうか。

実は、これらのたまごは(②　　　　　)にされるため、たまごのうちの多くが(③　　　　　)てしまいます。子どもにかえっても多くの(④　　　)に食べられたり、えさをとれずに死んでしまったりします。

生き残るのは、もとの親の数と、ほとんど変わらないという結果になるのです。大型(おおがた)動物の子どもの数が(⑤　　　　)のは、親が子どもを(⑥　　　　　)からなのです。ヒトもその仲間なのです。

少ない　　てき　　うみっぱなし　　食べられ
数千〜数万　　大事に育てる

(2) 母親の体内で育ってたんじょうし、(①　　　　)を飲んで育つ動物をほ乳類(にゅうるい)といいます。クジラや(②　　　　)もほ乳類です。

乳(ちち)　　イルカ

31 動物のたんじょう③

月　日

点/40点

1　次の動物のうち、親と似たすがたでうまれるものに○をつけましょう。（各５点）

（　　）トラ　（　　）サケ　（　　）カエル

（　　）カラス　（　　）カメ　（　　）ウサギ

（　　）ネコ　（　　）ハエ　（　　）ゴキブリ

（　　）ヒト　（　　）メダカ　（　　）ウシ

2　次の問いに答えましょう。（各５点）

(1)　ヒトのように、体内で成長し、うまれたあとに乳を飲んで育つ動物を何といいますか。（　　　　）

(2)　(1)の仲間は、次のうちどれですか。記号を２つかきましょう。

（　　）（　　）

32 動物のたんじょう④

月　　日

点/40点

1　次の文は、ヒトやメダカのことについてかいてあります。メダカだけにあてはまるものには×、ヒトだけにあてはまるものには○、両方にあてはまるものには△をつけましょう。　（各３点）

①（　　）受精（じゅせい）しないたまごは、成長しません。

②（　　）子どもはたまごの中で成長します。

③（　　）たんじょうするまでに約270日もかかります。

④（　　）子どもにかえるのに温度がおおいに関係します。

⑤（　　）たまごの中の養分で成長します。

⑥（　　）親から養分をもらいます。

⑦（　　）受精後におす、めすが決まります。

⑧（　　）へそができます。

2　ヒトとウミガメのたんじょうについて、あとの問いに答えましょう。

(1)　ウミガメのたまごの数は、ヒトのたまご（卵子（らんし））の何倍ですか。正しいものに○をつけましょう。　（６点）

10倍（　　）　50倍（　　）　100倍（　　）

(2)　ウミガメがヒトよりもたまごを多くうむわけを説明しましょう。　（10点）

［　　　　　　　　　　　　　　　　　　　　］

33 ヒトのたんじょう①

月　日

点/40点

次の(　　)にあてはまる言葉を［　］から選びかきましょう。

(各４点)

(1) 男性の精巣でつくられた(①　　　　)と、女性の卵巣でつくられた(②　　　　)が結びつくことを(③　　　　)といい、新しい生命がたんじょうします。

卵子　　精子　　受精

(2) 受精したたまごのことを(①　　　　)といいます。(①)は母親の(②　　　　)の中で成長します。また、その中には羊水があり、たい児を守っています。たい児は(②)のかべにつながったたいばんから(③　　　　)を通して、養分や酸素をとり入れます。また、いらなくなったものを、母親の体に返します。

子宮　　受精卵　　へそのお

(3) 下の図の㋐～㋓の名前をかきましょう。

㋐(　　　　)

㋑(　　　　)

㋒(　　　　)

㋓(　　　　)

34 ヒトのたんじょう②

月　日

点/40点

次の図は、母親の体内で子どもが育っていくようすを表したものです。それぞれの子どものようすについて説明した文を、㋐～㋔から選び(　　)にかきましょう。 (各８点)

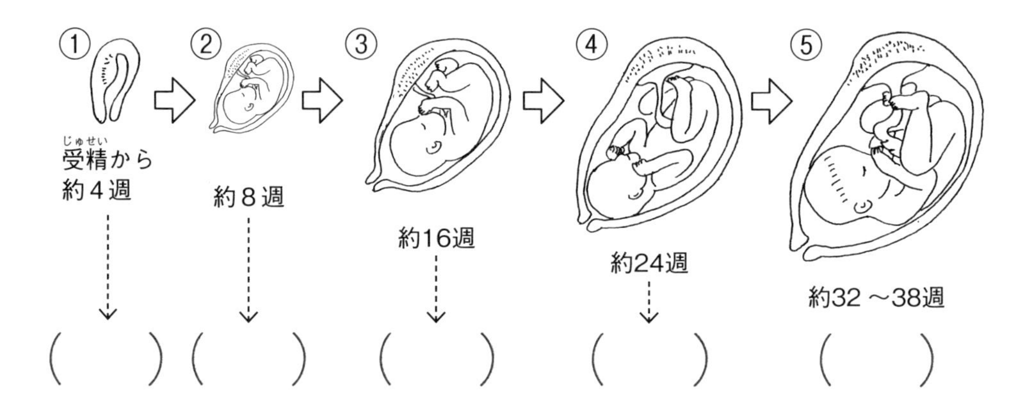

(　　)(　　)(　　)(　　)(　　)

㋐　からだの形や、顔のようすがはっきりしている。男女の区別ができる。(身長約16cm)

㋑　心ぞうが動きはじめる。(体重約0.01g)

㋒　心ぞうの動きが活発になる。からだを回転させ、よく動くようになる。

㋓　子宮の中で回転できないくらいに大きくなる。

㋔　目や耳ができる。手や足の形がはっきりしてくる。からだを動かしはじめる。(身長は約３cm)

35 ヒトのたんじょう③

月　日

点/40点

次の文は子宮の中にある水のようなもののはたらきについてかいてあります。

図を見て次の(　　)にあてはまる言葉を[　　]から選びかきましょう。　(各8点)

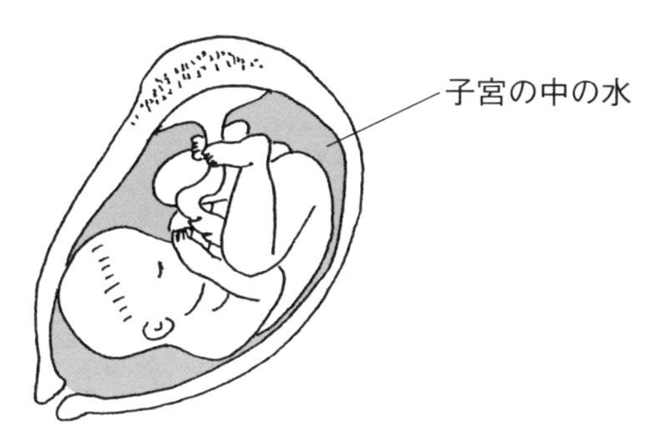

子宮の中の水は(①　　　)といいます。子宮の中にいるたい児をとり囲(かこ)んでいて、外部からの力を(②　　　)、たい児を(③　　　)はたらきをしています。

また、たい児は、水の中に(④　　　)ようになっていてその中で(⑤　　　)を動かすことができます。

守る	手足	うかんだ	やわらげ	羊水(ようすい)

36 ヒトのたんじょう④

月　日

点/40点

次の文で正しいものには○を、まちがっているものには×をつけましょう。（各5点）

①（　　）魚などは、とてもたくさんのたまごをうみますが、おとなになるのは、親の数とほとんど変わりません。

②（　　）メダカも受精卵（じゅせいらん）がメダカに育ちます。

③（　　）精子は卵子よりも大きいです。

④（　　）ヒトの卵子の大きさは、はり先でついたあなくらいです。（0.1mm）

⑤（　　）ヒトの子どもはおよそ38週くらい、子宮の中で育ちます。

⑥（　　）ヒトのたい児は24週くらいになると、子宮の中で動くのがわかります。

⑦（　　）ヒトのたい児は、子宮の中では自分でこきゅうをしています。

⑧（　　）へそのおは、たい児と母親のたいばんをつなぐ大切なものです。

37 花のつくり①

月　日

点/40点

図は、アサガオの花のつくりを表したものです。　（各４点）

(1)（　）にあてはまる名前を□から選びかきましょう。

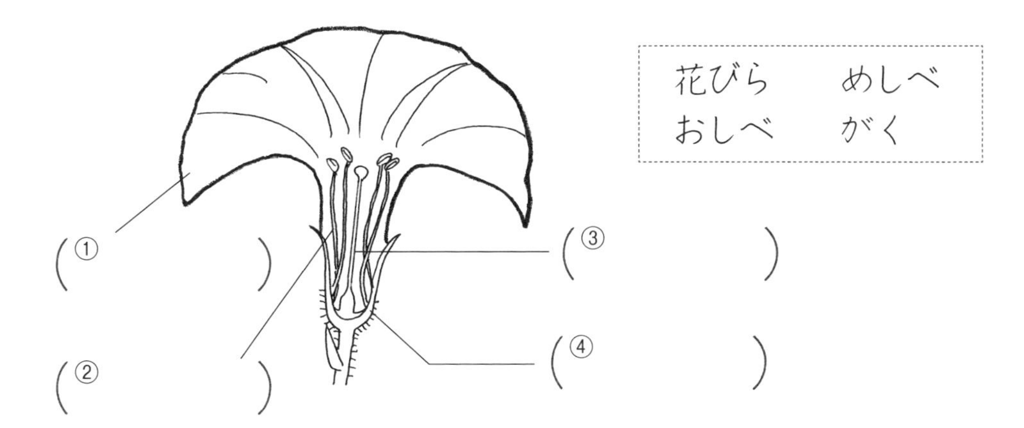

(2) 次の部分のはたらきについて、正しいものには○を、まちがっているものには×をつけましょう。

①（　）花びらは虫をひきつけたり、おしべやめしべを守るはたらきをしています。

②（　）花びらは、虫が中の方へ入らないようにしています。

③（　）がくは、花びらや中のめしべ、おしべを支（ささ）えています。

④（　）がくは、虫が上がってこないように守っています。

⑤（　）めしべは花粉（かふん）を出して、おしべに受粉します。

⑥（　）おしべは、やくという花粉の入ったふくろを持っています。

38 花のつくり②

月　日

点/40点

1　図は、カボチャの花をかいたものです。[　　]には、おばな・めばなを、(　　)にはその部分の名前を[　　]から選びかきましょう。 (各4点)

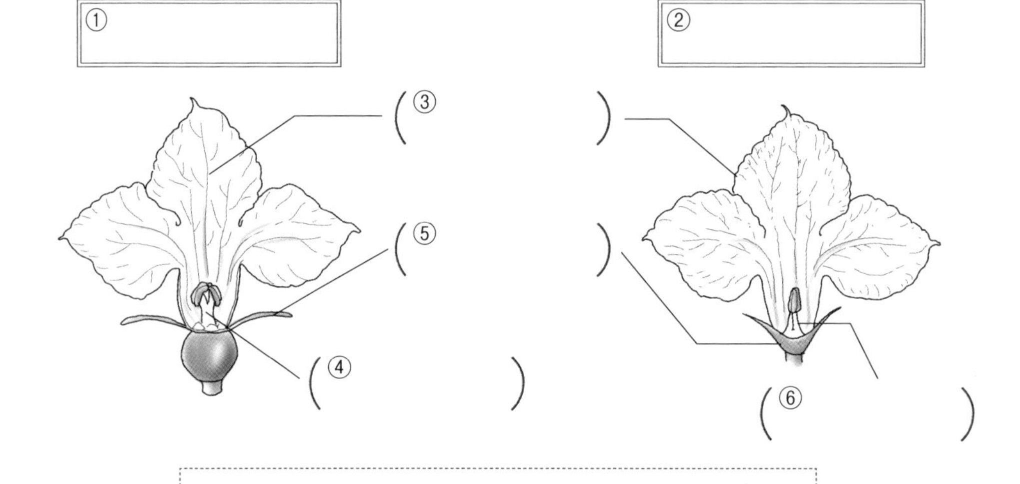

がく　めしべ　おしべ　花びら

2　次の文は、花のつくりについてかいたものです。(　　)にあてはまる言葉を[　　]から選びかきましょう。 (各4点)

アブラナやアサガオの花など多くの花には(①　　　)、(②　　　)、花びら、がくがあります。しかし、中にはめしべだけのめばなと、おしべだけの(③　　　)の区別があるものもあります。たとえば、(④　　　)などです。

ヘチマ　おばな　おしべ　めしべ

39 花のつくり③

月　日

点/40点

図は、ヘチマの花のつくりを表したものです。（各４点）

(1) ［　］には、おばな・めばなを、（　）にはその部分の名前を［　］から選びかきましょう。

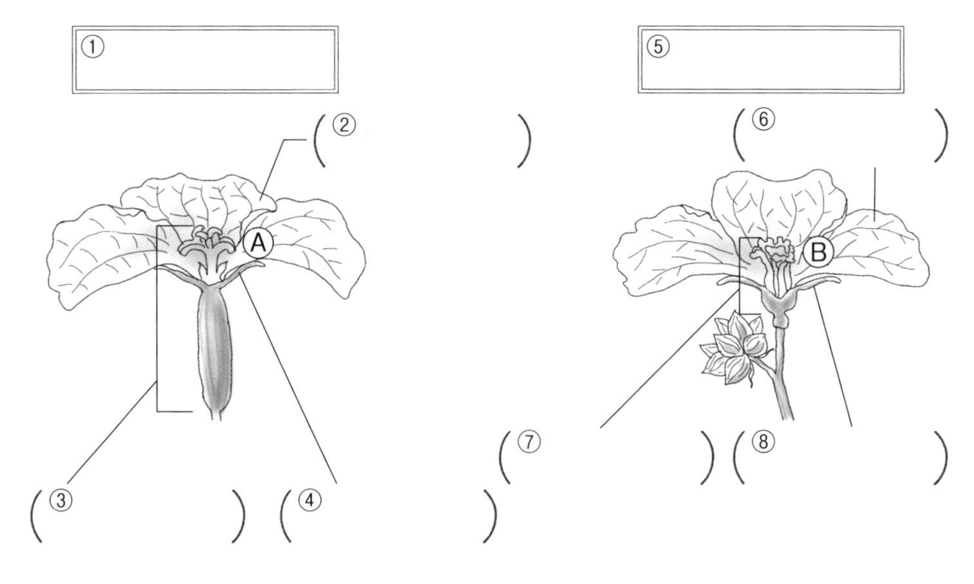

がく　がく　めしべ
おしべ　花びら　花びら

(2) 上の図で花粉（かふん）がつくられるのは何番のところですか。

（　　）

(3) おしべでつくられた花粉がつくのは、Ⓐ、Ⓑのどちらですか。

（　　）

40 花のつくり④

月　日

点/40点

次の花は、Ⓐまたは Ⓑのどちらですか。(　　)に記号をかきましょう。 (各８点)

Ⓐ：１つの花にめしべとおしべがある花

Ⓑ：めばなとおばなの区別がある花

① (　　)

② (　　)

アサガオ

スイカ

アブラナ

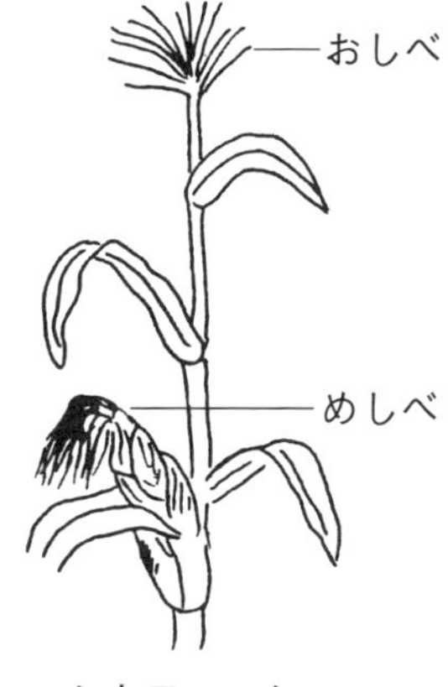

トウモロコシ

⑤ (　　)

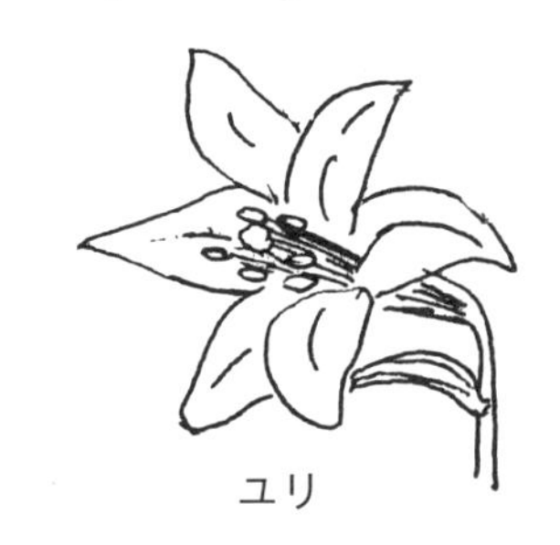

ユリ

41 受　粉①

月　　日

点/40点

次の(　　)にあてはまる言葉を[　　]から選びかきましょう。

（各５点）

(1)　おしべの先についている粉（こな）のようなものを（①　　　）といい、これを（②　　　）で見ると右のように見えました。

また、（③　　　）の先（柱頭（ちゅうとう））をさわると（④　　　）していて、よく見ると、その粉がついていました。

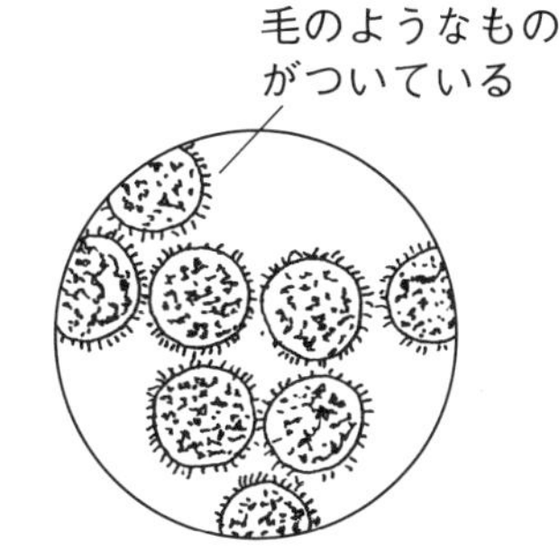

アサガオの花粉

べとべと	けんび鏡	花粉（かふん）	めしべ

(2)　花粉は、ミツバチなど（①　　　）の体にくっつきやすくなっていて、（②　　　）から（③　　　）へ、運ばれます。

花粉がめしべにつくことを（④　　　）といいます。

めしべ	おしべ	こん虫	受粉

42 受　粉②

月　　日

点/40点

次の(　　)にあてはまる言葉をから選びかきましょう。

（各５点）

りんごの花とミツバチ

(1)　こん虫が花の間を飛び回り、花のおくにある(①　　　　)をすい、虫の体に(②　　　　)がついたり、(③　　　　)をゆらして(②)が飛び、めしべの先にくっついたりして(④　　　　)します。

みつ	おしべ	受粉（じゅふん）	花粉

(2)　トウモロコシは、おばなが(①　　　　)より(②　　　　)にあります。

(③　　　　)で飛ばされた花粉が下に落ちてきて(④　　　　)に受粉するようになっています。

風	めしべ	上	めばな

43 受　粉③

月　日

点/40点

次の(　　)にあてはまる言葉を[　　]から選びかきましょう。

(各5点)

(1) トウモロコシは、(①　　　　)で飛ばされた(②　　　　)がめしべの先について(③　　　　)します。

おばな
おしべ
めしべ
めばな

トウモロコシ

　トウモロコシのめばなは(③)しやすいように長いひげのような(④　　　　)になっています。

風	受粉（じゅふん）	花粉	めしべ

(2) マツや(①　　　　)の花粉は、とても(②　　　　)ので(③　　　　)にのって数十km先に飛ばされたりします。

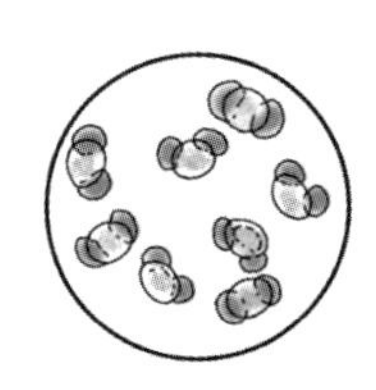

マツの花粉

　また、マツの花粉には、飛びやすいように風をうけるふくろもついています。

　(④　　　　)の原因（げんいん）になるのは、ほとんどが風で運ばれる花粉です。

スギの花粉

花粉しょう	軽い	スギ	風

44 受　粉④

月　日

点/40点

次の実験は花粉(かふん)のはたらきを調べるために、ヘチマを受粉させたり、受粉できないようにしたりしたものです。

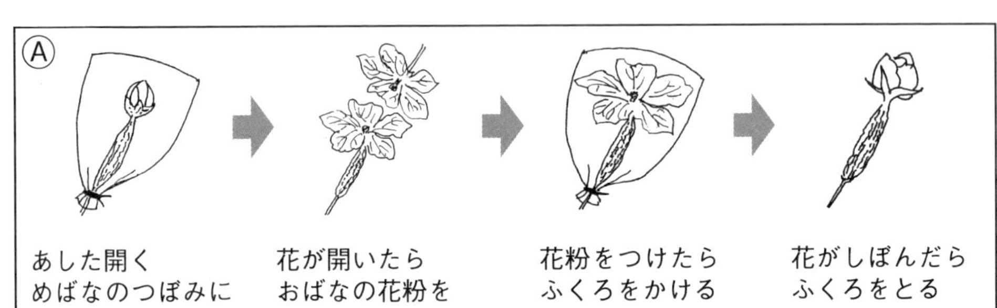

次の(　　)にあてはまる言葉を[　　]から選びかきましょう。

(各10点)

つぼみにふくろをかけるのは、実験で花粉をつける以外に自然に(①　　　　)がつかないようにするためです。

この結果、実ができるのは(②　　　　)の方です。この実験は(③　　　　)ができるためには(④　　　　)が必要だということを確(たし)かめています。

実	Ⓐ	花粉	受粉

45 流れる水のはたらき①

月　　日

点/40点

図を見て、次の(　　)にあてはまる言葉を［　　］から選びかきましょう。 (各8点)

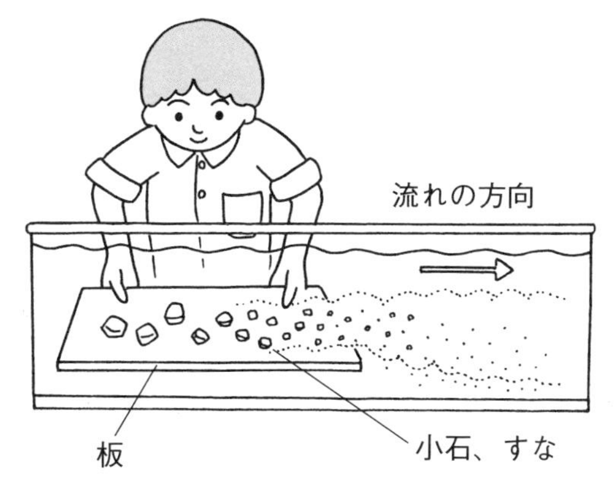

流れる水の中に、小石、すなをしずめました。

すなは、(①　　　　　)流れの中でも、流れていきました。

小石は、(②　　　　　)流れの中で、ようやく転がっていきました。

水がにごっているのは、中に(③　　　　　　　)などが入り混(ま)じって流されているからです。

川などにあるきょ大な岩石は、年に何回かある(④　　　　　)にいくらか転がっていきます。そして、そのとき角などが欠けて、少しずつ(⑤　　　　　)なっていきます。

小さく	速い	おそい	細かいすな	大雨時

46 流れる水のはたらき②

月　日

点/40点

図のような、地面を流れる水のはたらきを調べる実験をしました。(　　)にあてはまる言葉を□から選びかきましょう。

(各4点)

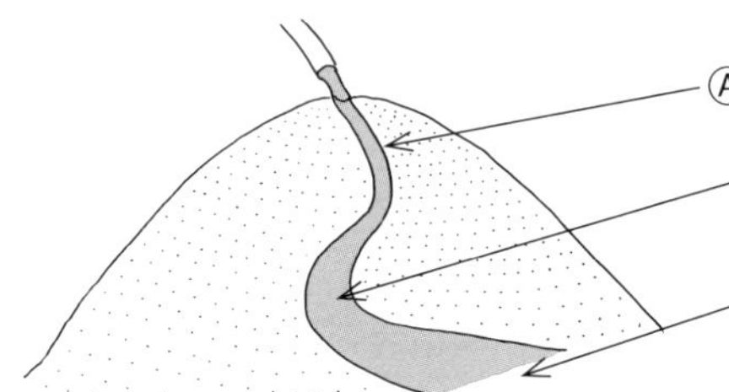

(1) Ⓐは、山の(①　　　　　)が大きく、水の流れが速くなります。そのためⓐでは(②　　　　　)作用と(③　　　　　)作用が大きくなります。

しん食　かたむき　運ぱん

(2) Ⓒは、山のかたむきも(①　　　　　)なるので水の流れも(②　　　　　)なります。そのためⒸでは(③　　　　　)作用が大きくなります。

おそく　たい積　小さく

(3) Ⓑでは、水の流れるようすが外側と内側でことなり、外側では水の流れは(①　　　　　)、そのため(②　　　　　)作用と(③　　　　　)作用が大きくなり、内側では水の流れはおそく、そのため(④　　　　　)作用が大きくなります。

しん食　運ぱん　たい積　速く

47 流れる水のはたらき③

◎ 右の図のような土の山にみぞをつくって水を流しました。あとの問いに答えましょう。（各８点）

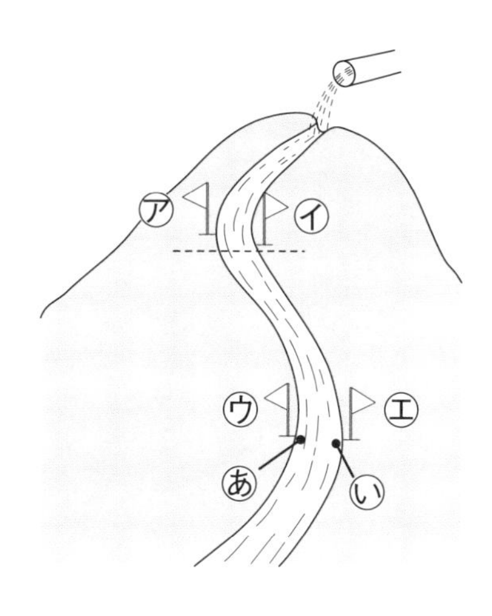

(1) 流れる水の速さはあといではどちらが速いですか。（　　）

(2) しばらく水を流したとき、たおれる旗は㋐〜㋓のどれですか。

（　　と　　）

(3) 旗がたおれるのは、流れる水のどのはたらきによりますか。[　　]の中から１つ選びかきましょう。

（　　　）

けずる　　運ぶ　　積もらせる

(4) しばらく水を流したあと、図の------で切ったときのみぞのようすとして正しいものは①〜③のどれですか。

（　　　）

①　②　③

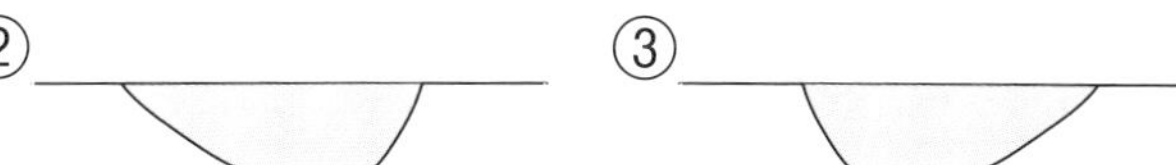

48 流れる水のはたらき④

月　日

点/40点

◎ 図を見て、次の(　　)にあてはまる言葉を□から選びかきましょう。 (各5点)

Ⓐ

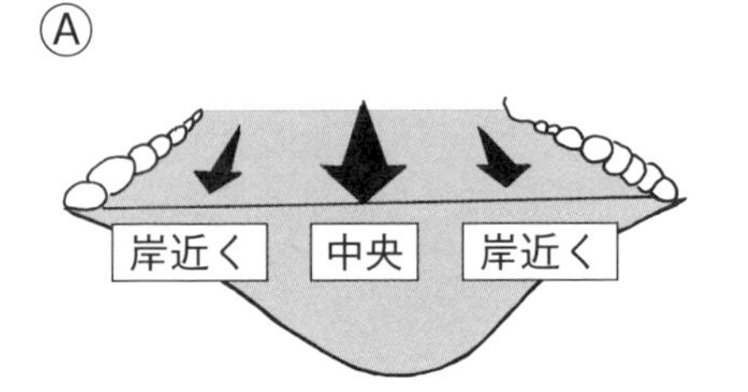

Ⓑ

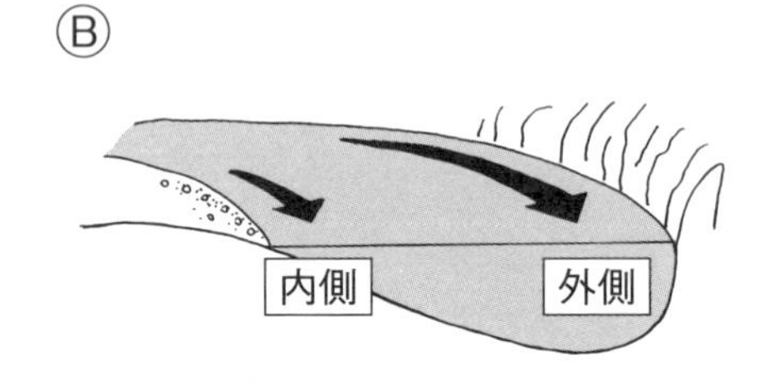

(1) Ⓐのように川の流れがまっすぐなところでは、水の流れは中央が(①　　　)、岸に近いほど(②　　　)なります。そのため川底の深さは(③　　　)が深くなっています。そして、両岸近くには、小石やすなが積もって、(④　　　)になっていきます。

川原　速く　おそく　中央

(2) Ⓑのように川の流れが曲がっているところでは、水の流れは外側が(①　　　)、内側が(②　　　)なります。そのため、外側の岸は(③　　　)になり、川底は深くなります。そして、内側はあさく(④　　　)になります。

がけ　速く　おそく　川原

49 流れる水と土地の変化①

月　日

点/40点

川の上流、中流、下流のようすをまとめました。（各５点）

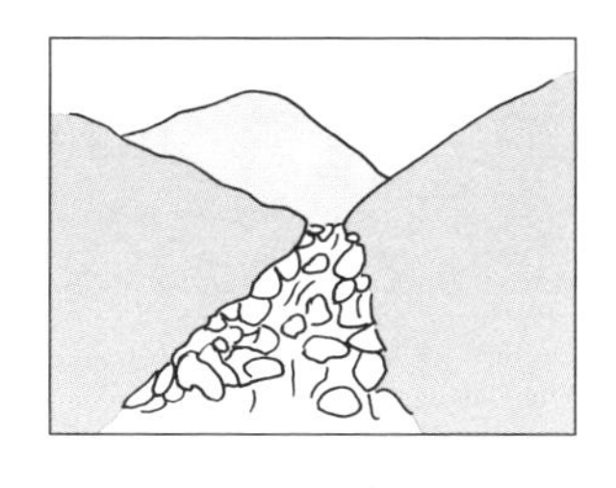

上　流

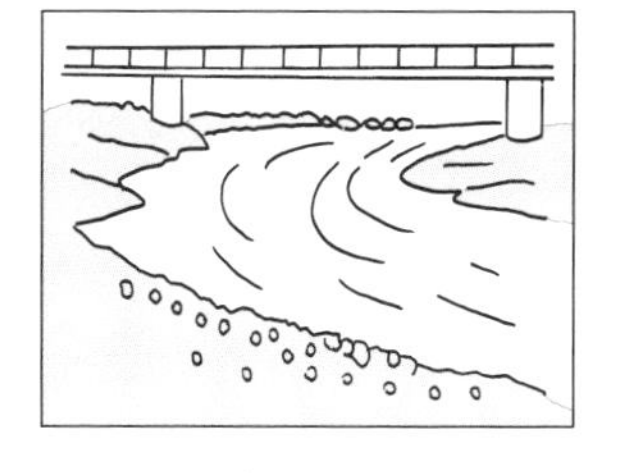

中　流

下　流

次の（　）にあてはまる言葉を□から選びかきましょう。

	上　流	中　流	下　流
流れる水の速さ	流れが（①　　　）	流れがゆるやか	流れが（②　　　）
川岸のようす	両岸が（③　　　）になっている	曲がっているところの内側は川原、外側はがけになっている	中流よりも（④　　　）が広がり（⑤　　　）もできている
川原の石のようす	大きくて（⑥　　　）石がごろごろしている	（⑦　　　）小石が多くなる	細かい土や（⑧　　　）がたくさん積もる

速い　おそい　川原　中州（なかす）　がけ
丸みのある　角ばった　すな

50 流れる水と土地の変化②

月　日

点/40点

次の(　　)にあてはまる言葉を□から選びかきましょう。

(各4点)

(1) 山の中では、しゃ面はかたむきが(①　　　　)て、川の流れが(②　　　　)、地面を大きく(③　　　　)します。そうして、V(ブイ)字谷のような(④　　　　)ができます。

深い谷	速く	しん食	大きく

(2) 海の近くでは、土地のかたむきが小さく水の流れが(①　　　　)で川によって(②　　　　)されたすなや土が(③　　　　)します。

ゆるやか	運ぱん	たい積

(3) このように川は長い(①　　　　)をかけて土地のようすを(②　　　　)ていきます。河口(かこう)近くは(③　　　　)が広がっていきます。

平野	年月	変え

51 流れる水と土地の変化③

月　日

点/40点

次の文は、水の流れによってできた地形についてかいたものです。（　）にあてはまる言葉を[　]から選びかきましょう。

（各５点）

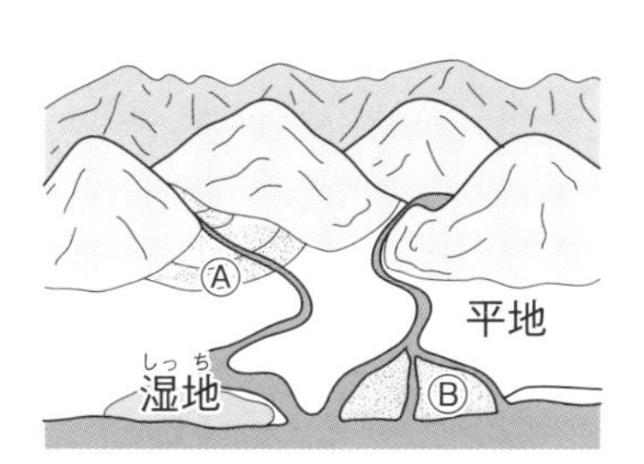

(1) （①　　　　）を出てきた川が（②　　　　）に流れ出たところに運んできた土やすなを（③　　　　）させ（④　　　　）をひらいたような、ゆるやかなしゃ面をつくります。Ⓐをせんじょう地といいます。

たい積	おうぎ	山あい	平地

(2) 河口（かこう）に島のような土地ができます。これは、水の流れがとても（①　　　　）になり、川上から運ばれてきた細かい（②　　　　）が（③　　　　）してできた地形です。あとからあとへと、土やすなが運ばれ、川の流れもいくつかに分かれ、三角形の形がどんどん海の方へ広がっていきます。Ⓑを（④　　　　）といいます。

三角州（す）	ゆるやか	たい積	土やすな

52 流れる水と土地の変化④

月　日

点/40点

 次の文は、図についてかいてあります。(　　)にあてはまる言葉を[　　]から選びかきましょう。 (各5点)

㋐

㋑

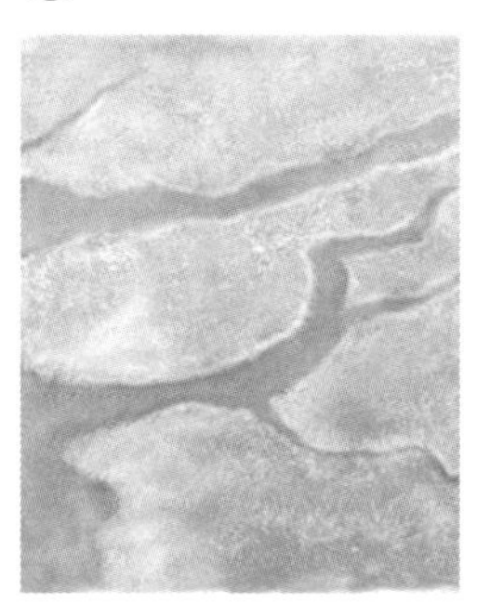

㋒

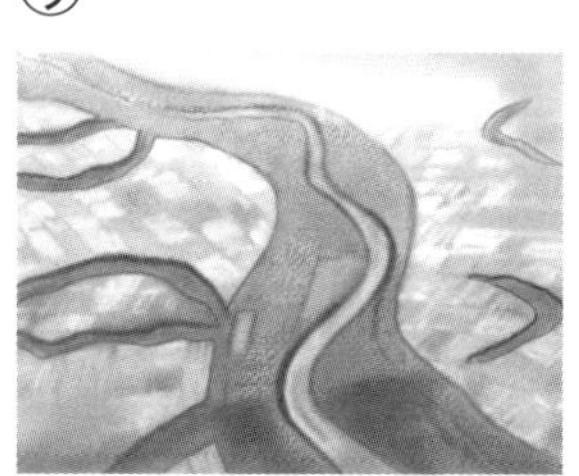

㋐は川の(①　　　　)のようすです。(②　　　　)が切り立った(③　　　　)でV字型になっているので(④　　　　)といいます。

㋑は川の(⑤　　　　)のようすです。川がいくつもに(⑥　　　　)、(⑦　　　　)もできています。

㋒は川のみちすじが変わったために、とり残された川の一部で(⑧　　　　)といいます。

三日月湖	V字谷	上流	下流
がけ	分かれ	中州(なかす)	両岸

53 川とわたしたちのくらし①

月　日

点/40点

次の(　　)にあてはまる言葉を□から選びかきましょう。

(各4点)

(1) 梅雨(つゆ)や台風などで、長い時間雨が続いたり、短時間に(①　　　)がふったりすると、川の(②　　　)が増(ふ)え、(③　　　)も速くなります。

流れ　水量　大雨

(2) 水量が増えると流れる水のはたらきが(①　　　)なり、川岸が(②　　　)たりして、てい防(ぼう)がきれたりします。
(③　　　)が起こると、山の方から流され、運ばれてきた(④　　　)が田畑や町にまで広がることがあります。ときには、きょ大な岩が運ばれてくることもあります。

けずられ　土砂(どしゃ)　こう水　大きく

(3) こう水は、大きな(①　　　)をもたらすことがありますが、平野に(②　　　)をつくるのに適(てき)した肥(こ)えた土を(③　　　)する役わりもしています。

運ぱん　災害(さいがい)　農作物

54 川とわたしたちのくらし②

月　日

点/40点

次の(　　)にあてはまる言葉を[　　]から選びかきましょう。

（各４点）

(1) 大雨がふると川の水量が増え、流れも(①　　　)なります。すると流れる水の(②　　　)が大きくなります。川岸が(③　　　)たり、こう水が起こったりして、(④　　　)を起こすことがあります。

はたらき　速く　災害　けずられ

(2) わたしたちは、災害を防ぐため(①　　　)をつくったり、川岸や(②　　　)をコンクリートで固めたり、(③　　　)を置いて、水の力を弱めたりするなど、いろいろなくふうをしています。

ブロック　川底　さ防ダム

(3) 最近では、コンクリートで固めるだけでなく(①　　　)を用いたり、コンクリートを使わずに川の(②　　　)に水をためる(③　　　)をつくったりしています。

近く　自然の石　遊水池

流れる水と災害（さいがい）について、次の（　　）にあてはまる言葉を［　　］から選びかきましょう。（各8点）

集中ごう雨と土砂くずれ

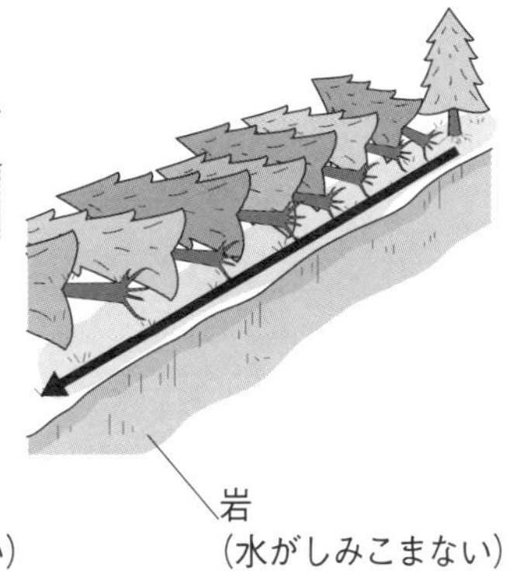

（①　　　）には、雨水をたくわえるはたらきがあります。だから（②　　　）がふっても、川の水は急には増（ふ）えません。

しかし、最近のような集中ごう雨では地面が水をたくわえる能力（のうりょく）以上の雨量があり、木々ごと根こそぎ流してしまうのです。

（③　　　）が起こらなくても、一度に大量の水が川に集まると（④　　　）をはかいしたり、あふれたりして（⑤　　　）が起こります。雨量と川の流れには要注意です。

大雨　木々　土砂（どしゃ）くずれ　こう水　てい防

56 川とわたしたちのくらし④

月　日

点/40点

◎ 図を見て、次の(　　)にあてはまる言葉を［　］から選びかきましょう。 (各5点)

㋐

㋑

㋒

(1) ㋐は水の流れを弱めるために川底に(①　　　　)をつけています。そして、中央には(②　　　　)の通り道をつくるというくふうもしてあります。

㋑は、てい防(ぼう)に(③　　　　)を使っています。これは、水の流れからてい防を守るとともに、できるだけ自然に近いものにするためにです。(④　　　　)がはえ、(⑤　　　　)などのすみかになります。

植物　　だん差　　自然の石　　虫　　魚

(2) ㋒は、生き物がたくさんいる川のようすです。コンクリートで(①　　　　)や川底を守るとともに水中に(②　　　　)がはえ、(③　　　　)のすみかとなるようにつくってあります。

魚　　植物　　川岸

57 もののとけ方①

月　日

点/40点

コーヒーシュガーをお茶パックに入れて、ビーカーの水の中に入れました。次の図はそのとけるようすを表したものです。

（各８点）

Ⓐ 入れた直後　Ⓑ 1時間後　Ⓒ 1日後　Ⓓ 1週間後

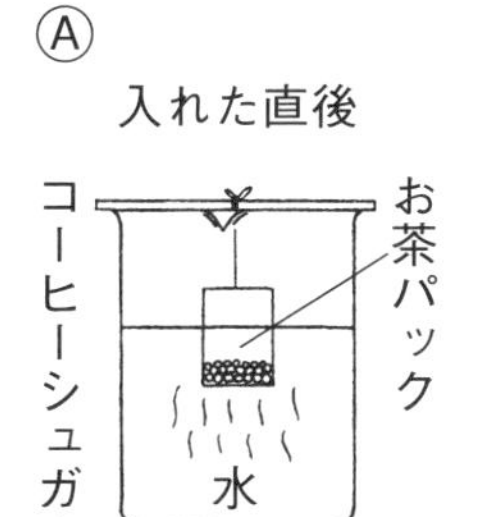

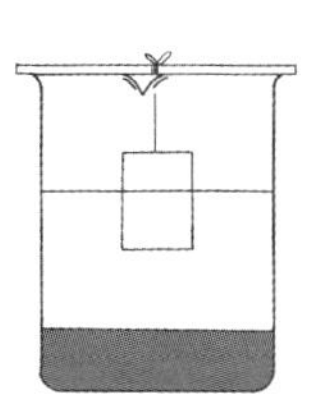

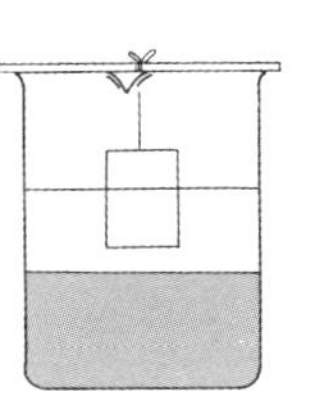
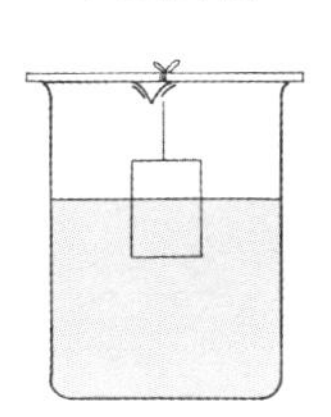

次の（　）にあてはまる言葉を［　］から選びかきましょう。

Ⓐ　入れた直後から、お茶パックの下から、うすい（①　　　）のもやもやしたものが見られます。

Ⓑ　コーヒーシュガーの（②　　　）が見えなくなり、底の方が、（③　　　）くなっています。

Ⓒ　底の茶色いものが、少しずつ上の方に（④　　　）いきます。

Ⓓ　ビーカー（⑤　　　）に、うすく茶色の部分が広がっています。

茶色	茶色	つぶ	のぼって	全体

58 もののとけ方②

月　日

点/40点

次の文は、水よう液（えき）についてかいています。正しいものには○を、まちがっているものには×をつけましょう。（各５点）

①（　　）水よう液は、すき通っています。

②（　　）うすくなれば、すき通って見えるので石けん水は水よう液です。

③（　　）ものが水にとけて見えなくなるのは、とけたものがなくなっているからです。

④（　　）水よう液には、味やにおいがあるものもあります。

⑤（　　）ものが水にとけても、その重さはなくなりません。

⑥（　　）かき混（ま）ぜると、ものが早くとけます。

⑦（　　）食塩水は水よう液です。しかし、食塩をたくさん入れれば、とけ残りができます。

⑧（　　）どろ水は、時間がたつと、どろが底にしずみます。ですから水よう液ではありません。

郵便はがき

料金受取人払郵便

大阪北局
承認
246

差出有効期間
2024年5月31日まで
※切手を貼らずに
お出しください。

530-8790

156

大阪市北区曽根崎2－11－16
梅田セントラルビル

清風堂書店
愛読者係　行

愛読者カード　ご購入ありがとうございます。

フリガナ お名前		性別	男　・　女
		年齢	歳
TEL FAX	(　　)	ご職業	
ご住所	〒　　－		
E-mail	@		

ご記入いただいた個人情報は、当社の出版の参考にのみ活用させていただきます。
第三者には一切開示いたしません。

□学力がアップする教材満載のカタログ送付を希望します。

●ご購入書籍・プリント名

●ご購入店舗・サイト名等（　　　　　　　　　　　　　　　　　　　　　　）

●ご購入の決め手は何ですか？（あてはまる数字に○をつけてください。）

1．表紙・タイトル　　2．中身　　3．価格　　4．SNSやHP

5．知人の紹介　　6．その他（　　　　　　　　　　　　）

●本書の内容にはご満足いただけたでしょうか？（あてはまる数字に○をつけてください。）

たいへん満足　5　4　3　2　1　不満

●本書の良かったところや改善してほしいところを教えてください。

●ご意見・ご感想、本書の内容に関してのご質問、また今後欲しい商品のアイデアがありましたら下欄にご記入ください。

ご協力ありがとうございました。

★ご感想を小社HP等で匿名でご紹介させていただく場合もございます。　□可　□不可

★おハガキをいただいた方の中から抽選で10名様に2,000円分の図書カードをプレゼント！
当選の発表は、賞品の発送をもってかえさせていただきます。

59 もののとけ方③

月　日

点/40点

次の実験結果の表について、あとの問いに答えましょう。

（各５点）

	とかしたもの	水のようす	色
（㋐　）	どろ	上の方はすき通っているが下にはすながしずんでいる	うす茶
×	みそ	上の方は（あ　）が下にはかすがしずんでいる	うす茶
（㋑　）	粉石けん	たくさんとかして、こくすると牛にゅうのように（い　）	白
○	食塩	すき通っているがなめると（う　）がする	無色
（㋒　）	ホウ酸	すき通っている	無色
（㋓　）	コーヒーシュガー	すき通っている	（え　）

(1)　㋐〜㋓で、水よう液といえるものに○、そうでないものに×をかきましょう。

(2)　あ〜えには、（　）にあてはまる言葉を□から選びかきましょう。

うす茶　　すき通って見えない
塩味　　すき通っている

60 もののとけ方④

月　日

点/40点

次の文は、水よう液（えき）についてかいています。（　）にあてはまる言葉を［　］から選びかきましょう。（各８点）

1週間後

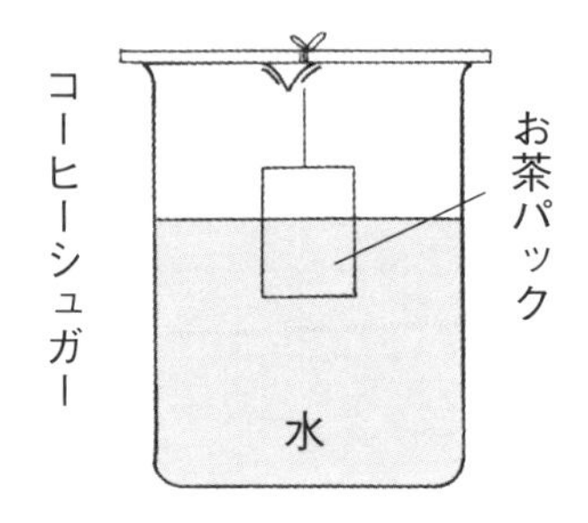

コーヒーシュガーをとかした水は、うすい茶色をしていますが（①　　　　）いるので、水よう液だといえます。

石けん水のように、こくなると、すき通って見えなくなるものは（②　　　　）とはいえません。ものが水にとけて見えなくなっても、その（③　　　　）はなくなりません。

水よう液には、（④　　　　）や味や色のあるものもあります。ものを早くとかすには、（⑤　　　　）たり、あたためたりします。

におい　重さ　かき混（ま）ぜ すき通って　水よう液

61 水よう液の重さ①

月　日

点/40点

◎ 食塩を水にとかす実験をしました。次の(　　)にあてはまる言葉を［　　］から選びかきましょう。（各5点）

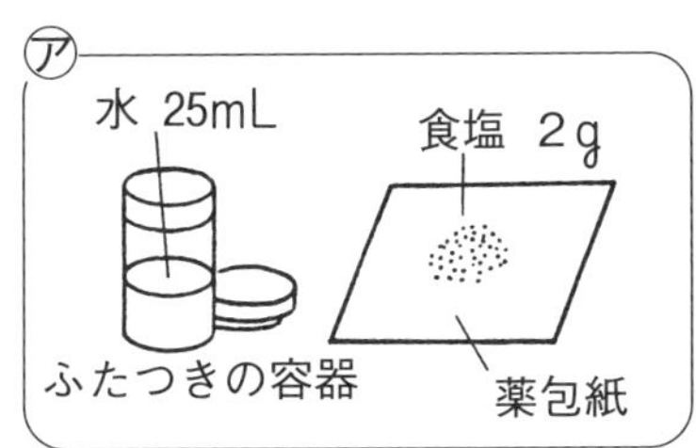

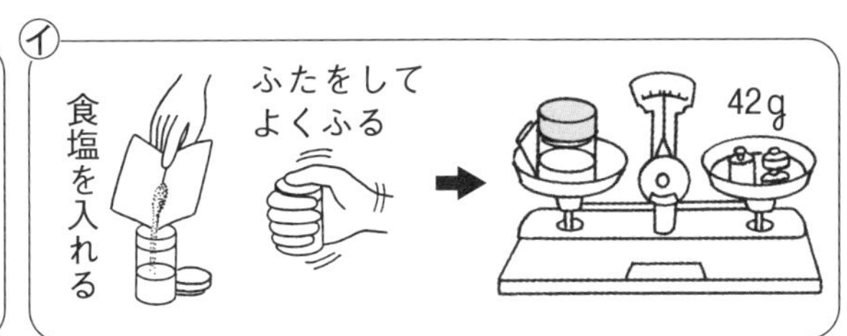

(1) アの(①　　　)を入れた容器と、(②　　　　)にのせた食塩をはかりにのせて、全体の重さをはかります。

次にイのように(③　　　)を容器に入れてよくとかし、容器と薬包紙をのせ、全体の(④　　　)をはかります。

アの重さをはかると42gでした。イで食塩をとかして重さをはかると、アと(⑤　　　)42gになりました。

［ 重さ　　水　　同じ　　食塩　　薬包紙 ］

(2) このことより

水の(①　　　)＋(②　　　)の重さ

＝食塩の(③　　　　)の重さ

となります。

［ 食塩　　重さ　　水よう液 ］

62 水よう液の重さ②

月　日

点/40点

◎ 食塩とさとうを、次の図のように水にとかしました。あとの問いに答えましょう。（各10点）

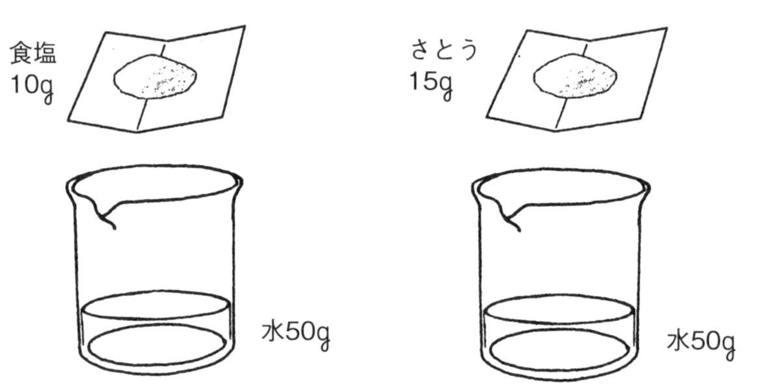

(1) 10gの食塩を50gの水にとかして、食塩の水よう液（食塩水）をつくりました。

① できた食塩の水よう液（食塩水）の重さは何gですか。

（　　　）

② 水にとけた食塩は見えますか、見えませんか。

（　　　　　）

(2) 15gのさとうを50gの水にとかして、さとうの水よう液（さとう水）をつくりました。

① できたさとうの水よう液の重さは何gですか。（　　　）

② 水にとけたさとうは見えますか、見えませんか。

（　　　　　）

63 器具の使い方①

月　　日

点/40点

メスシリンダーとスポイトを使って、水を50mLはかりとります。今、図の目もりまで水が入りました。（各８点）

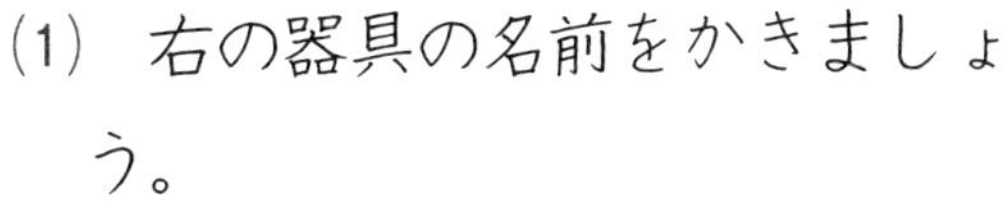

(1) 右の器具の名前をかきましょう。

（　　　　　　　　）

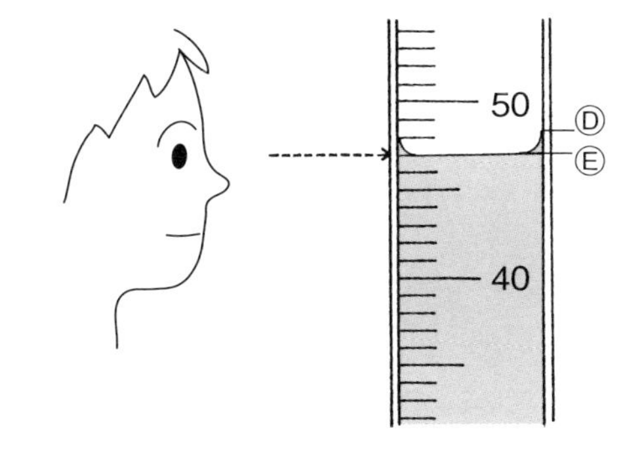

(2) この器具は、どんな場所に置きますか。

（　　　　　　　　）

(3) 目もりは、Ⓓ、Ⓔどちらで読めばよいですか。

（①　　　　　　）

また、今は、何mL入っていますか。（②　　　　　　）

(4) ちょうど50mLにするために、どんな器具を使って水をつぎたせばよいですか。

（　　　　　　　　）

64 器具の使い方②

月　日

点/40点

次の(　　)にあてはまる言葉を□から選びかきましょう。

(各5点)

(1) ろ紙の折り方

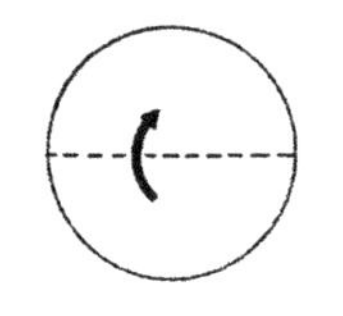

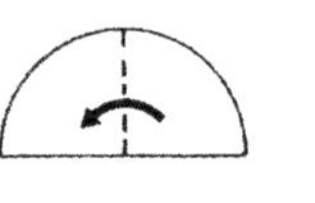

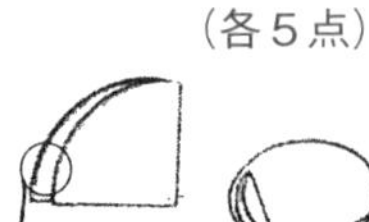

いずれか一方の口を開ける。

ろ紙は、右の図のように(①　　　)に折ります。1カ所を広げて(②　　　)の形にします。

スポイトで(③　　　)をぬらして(④　　　)にぴったりつけます。

円すい　ろうと　4つ　ろ紙

(2) ろ過(か)の仕方

ろ紙をつけたろうとは、くだの先を(①　　　)のかべにつけます。

水よう液(えき)をろうとにそそぐときは、液を(②　　　)に伝わらせて(③　　　)そそぎます。

ろうとにたまる水よう液の高さが、(④　　　)の高さをこえないようにします。

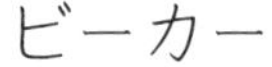

ビーカー　ろ紙　ガラスぼう　少しずつ

65 水にとけるものの量①

月　　日

点/40点

次のグラフを見て、あとの問いに答えましょう。　（各５点）

50mLの水の温度ととける量との関係

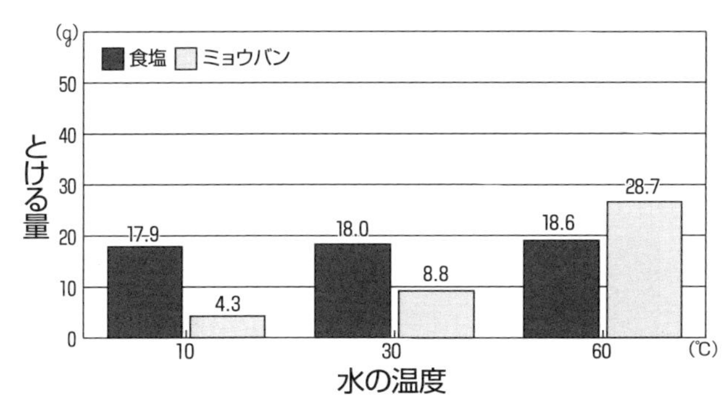

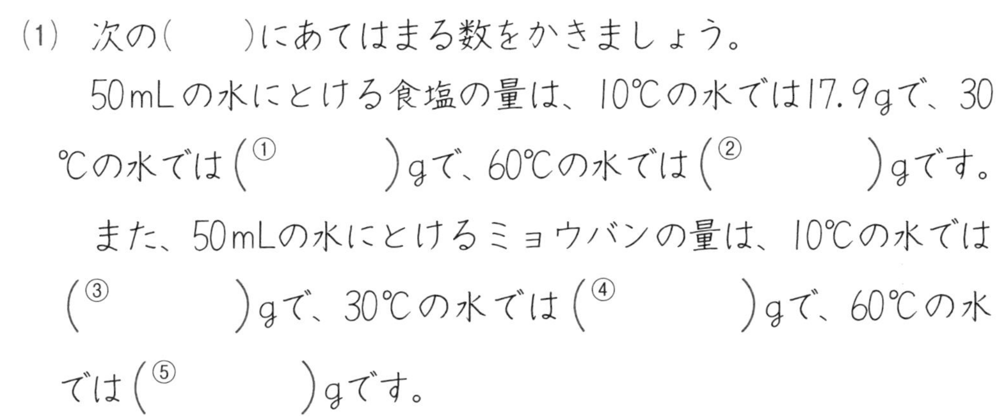

(1)　次の(　　　)にあてはまる数をかきましょう。

50mLの水にとける食塩の量は、10℃の水では17.9gで、30℃の水では(①　　　　)gで、60℃の水では(②　　　　)gです。

また、50mLの水にとけるミョウバンの量は、10℃の水では(③　　　　)gで、30℃の水では(④　　　　)gで、60℃の水では(⑤　　　　)gです。

(2)　次の(　　　)にあてはまる言葉を□から選びかきましょう。

(1)からわかることは、(①　　　　)が高ければ、とける量も(②　　　　)なります。また、ものによってとける量が(③　　　　　　)。

ことなります　　温度　　多く

66 水にとけるものの量②

月　日

点/40点

◎ 次のⓐとⓘのグラフを見て、（　　）にあてはまる言葉を ⬚ から選びかきましょう。（各８点）

ⓐ 10℃の水の量ととける量との関係

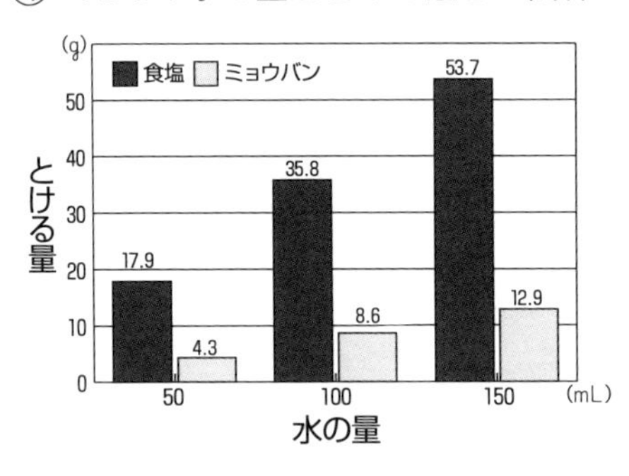

ⓘ 50mLの水の温度ととける量との関係

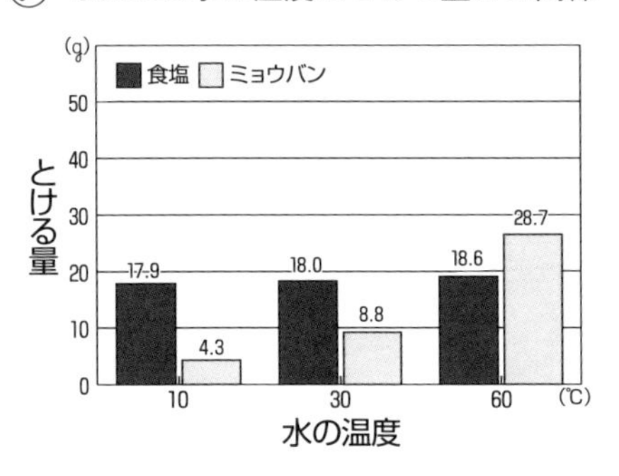

決まった量の水にものがとける量には（①　　　　）があります。それ以上たくさん入れると（②　　　　）ができます。

ミョウバンでは、とける量は（③　　　　）によって大きく変わります。温度が（④　　　　）なれば、とてもたくさんとけます。

食塩は、温度が上がっても（⑤　　　　）はほとんど変わりません。

とける量	とけ残り	限度（げんど）	温度	高く

67 水にとけるものの量③

月　日

点/40点

次のあといのグラフを見て、あとの問いに答えましょう。

（各８点）

あ　10℃の水の量ととける量との関係

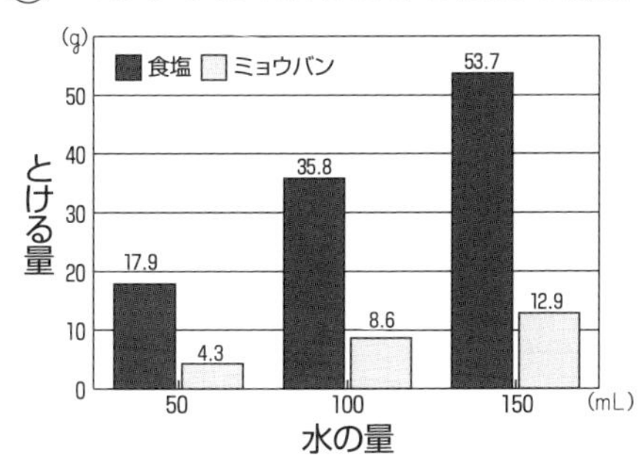

い　50mLの水の温度ととける量との関係

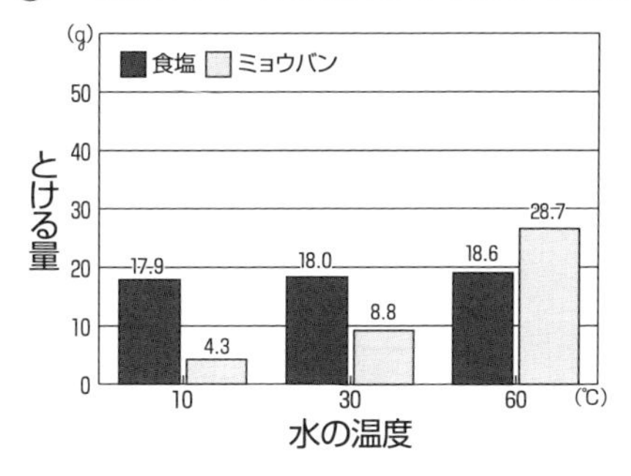

(1)　10℃の水50mLにとかすことのできる量が多いのは、食塩とミョウバンのどちらですか。（　　　　　）

(2)　50mLから150mLに水が増(ふ)えると、それぞれ何倍の量がとけましたか。　①　食塩（　　　）　②　ミョウバン（　　　）

(3)　30℃の水50mLに食塩20gを入れてよくかき混(ま)ぜましたが、とけ残りがありました。すべてとかすにはどうすればいいですか。次のア～ウから選びましょう。（　　）

　ア　水を50mL加える。　イ　水の温度を60℃まで上げる。

　ウ　もっとよくかき混ぜる。

(4)　60℃の水50mLにとけるだけのミョウバンをとかしました。この水よう液(えき)が、30℃に温度が下がったとき、ミョウバンのとけ残りは何gになりますか。（　　　）

68 水にとけるものの量④

月　日

点/40点

◎　同じ温度の水を50mL入れた３つのビーカーに4g、6g、8gのミョウバンを入れてよくかき混(ま)ぜました。□の中はその結果です。（各10点）

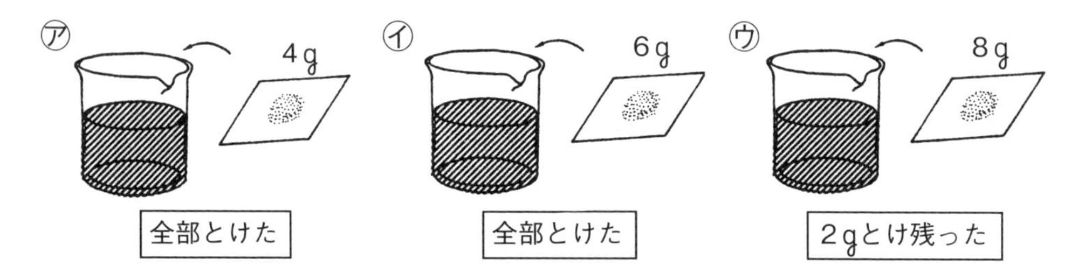

(1)　㋐と㋑の水よう液(えき)では、どちらがこい水よう液ですか。

（　　　）

(2)　㋒で水にとけたミョウバンの重さは何gですか。

（　　　）

(3)　㋑と㋒の水よう液では、どちらがこい水よう液ですか。

（　　　）

(4)　(2)から考えて、㋐の水よう液には、あと何gのミョウバンをとかすことができますか。

（　　　）

69 とけているものをとり出す①

月　日

点/40点

◎ 図のように、60℃の水にミョウバンをとかして、冷やすと白いつぶが出てきて底にたまりました。あとの問いに答えましょう。

（各５点）

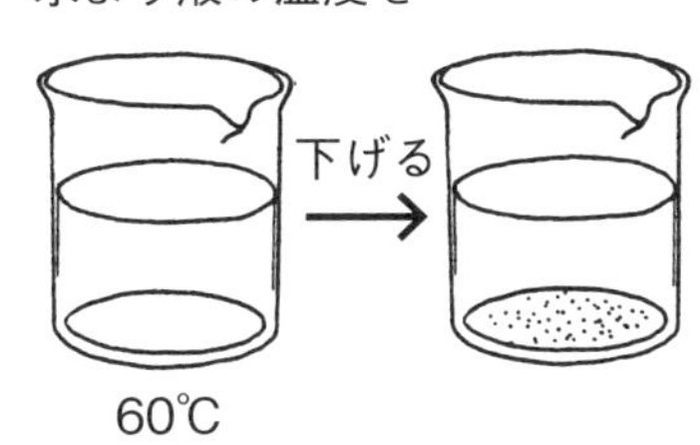

(1) 底にたまった白いつぶは何ですか。　（　　　　　）

(2) 出てきた白いつぶを下の図のような方法でとり出しました。あとの問いに答えましょう。

① この方法を何といいますか。

（　　　　　）

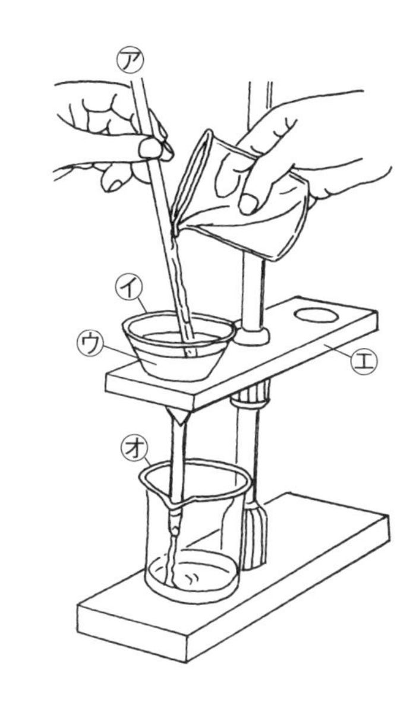

② ア～オの名前をかきましょう。

ア（　　　　　）

イ（　　　　　）

ウ（　　　　　）

エ（　　　　　）

オ（　　　　　）

③ ろ紙の上に残るものは何ですか。（　　　　　）

70 とけているものをとり出す②

月　日

点/40点

とけているものをとり出す次のⒶ、Ⓑの実験について、あとの問いに答えましょう。（各５点）

(1) 次の(　　)にあてはまる言葉を□から選びかきましょう。

Ⓐ ミョウバンの水よう液

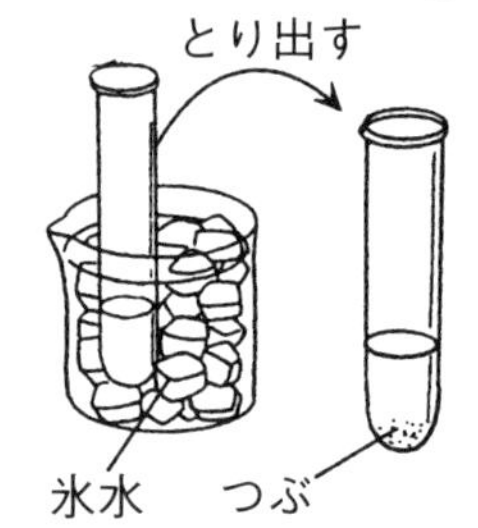

Ⓑ ミョウバンの水よう液

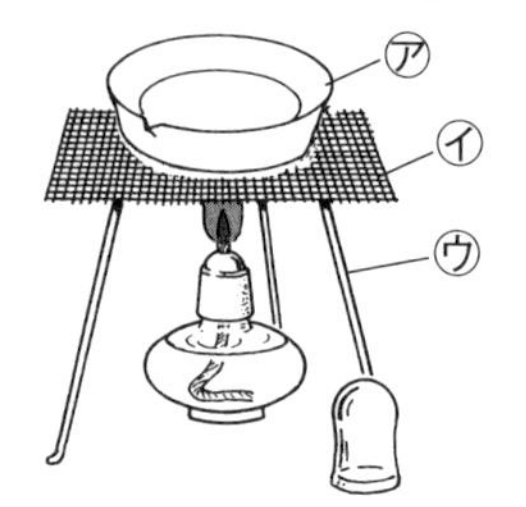

Ⓐでは、ミョウバンが温度によってとける量が変わることを考えて、20℃の水よう液（えき）を、氷水で(①　　　)して(②　　　　)のつぶが出てくるようにしています。

Ⓑは、水よう液をアルコールランプで(③　　　)だけを(④　　　　)させます。すると、じょう発皿の中に(⑤　　　　)だけが残ります。

じょう発　　冷や　　ミョウバン　　ミョウバン　　水

(2) Ⓑの器具の名前を□から選びかきましょう。

㋐ (　　　　　)　㋑ (　　　　　)

㋒ (　　　　　)

金あみ　　三きゃく　　じょう発皿

71 ふりこのきまり①

月　日

点/40点

1　下の図は、ふりこのようすをかいたものです。①～③は、それぞれ何を表していますか。[　　]から選びかきましょう。（各10点）

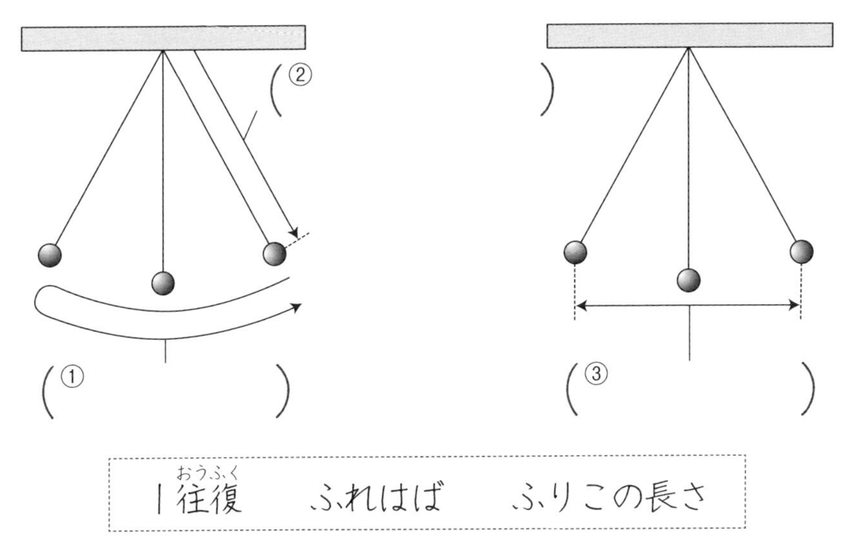

1往復（おうふく）　ふれはば　ふりこの長さ

※本書は③をふれはばとしています。

2　次のものの中からふりこの性質（せいしつ）を利用しているものを2つ選び、記号でかきましょう。（各5点）　（　　，　　）

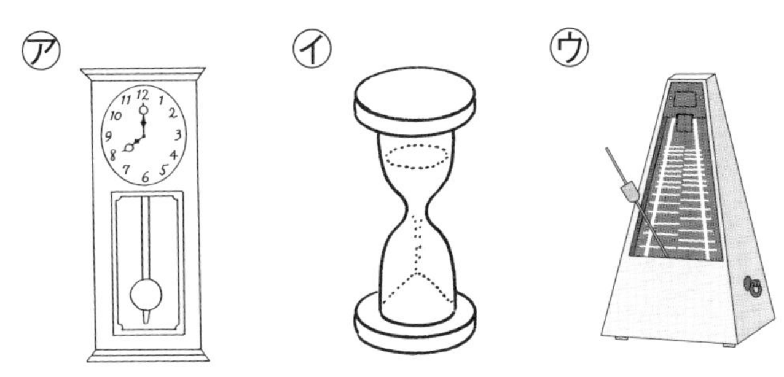

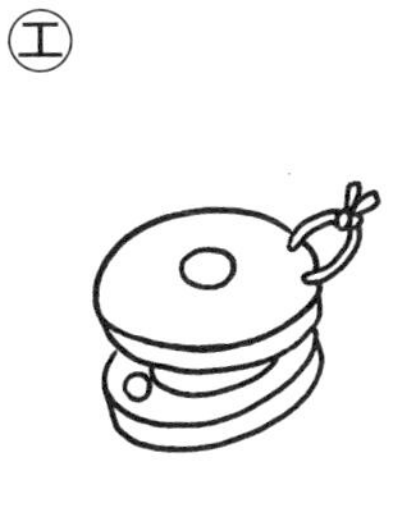

柱時計　すな時計　メトロノーム　カスタネット

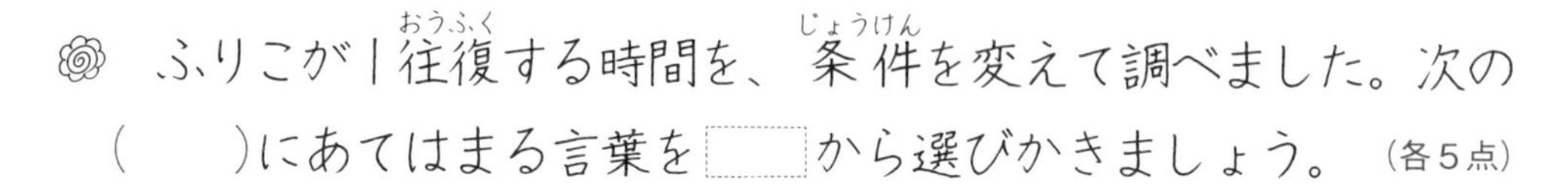

72 ふりこのきまり②

月　日

点/40点

ふりこが１往復(おうふく)する時間を、条件(じょうけん)を変えて調べました。次の（　）にあてはまる言葉を［　］から選びかきましょう。（各５点）

(1) おもりを糸などにつるしてふれるようにしたものを（①　　　）といいます。

つるしたおもりのふりはじめ位置から、ふれの一番はしまでの（②　　　）を、ふりこの（③　　　）といいます。

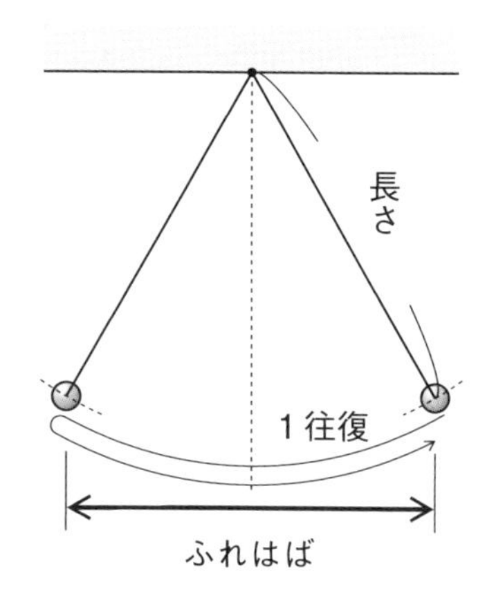

ふりこの長さは、糸をつるした点からおもりの（④　　　）までの長さをいいます。

ふりこ	ふれはば	中心	水平の長さ

(2) １往復とは、ふらせはじめた（①　　　）にもどるまでをいいます。ふりこの１往復する時間の求め方は、１往復の時間が、短いので（②　　　）往復の時間を（③　　　）回はかって、その（④　　　）を求めます。

3	位置	10	平均(へいきん)

73 ふりこのきまり③

月　日

点/40点

下の図のように、㋐～㋓のふりこがあります。あとの問いに答えましょう。（各5点）

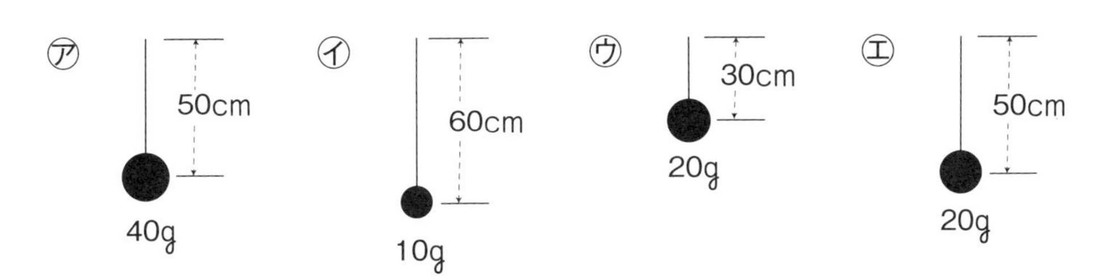

(1) ふりこが1往復（おうふく）する時間が、一番短いのはどれですか。

（　　　）

(2) ふりこが1往復する時間が、一番長いのはどれですか。

（　　　）

(3) ふりこの1往復する時間が、同じになるのは、どれとどれですか。

（　　　）と（　　　）

(4) 次の（　　）にあてはまる言葉を[　　]から選びかきましょう。

上の㋑と㋒のふりこの1往復する時間を同じにするには、㋒のふりこの（①　　　）を（②　　　）にします。

ふりこの（③　　　　　）は、ふりこの（④　　　）によって決まります。

長さ	長さ	1往復する時間	60cm

74 ふりこのきまり④

月　日

点/40点

次の(　　)にあてはまる言葉を［　］から選びかきましょう。

(各5点)

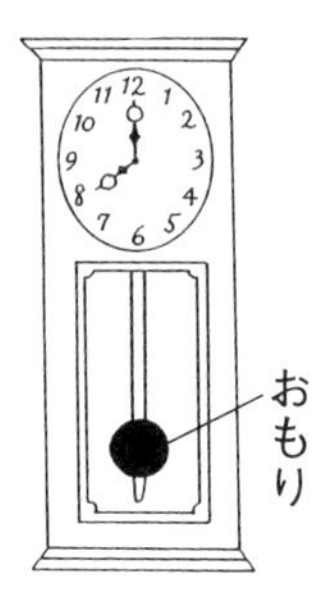

ふりこ時計

(1) ふりこ時計は(①　　　　)の長さが同じとき、ふりこの1往復(おうふく)する時間が(②　　　　)ことを利用しています。

同じ	ふりこ

(2) おもりの(①　　　　)を上にあげ、ふりこの長さを(②　　　　)すると、ふれる時間も(③　　　　)なり、時計が速く進みます。

位置	短く	速く

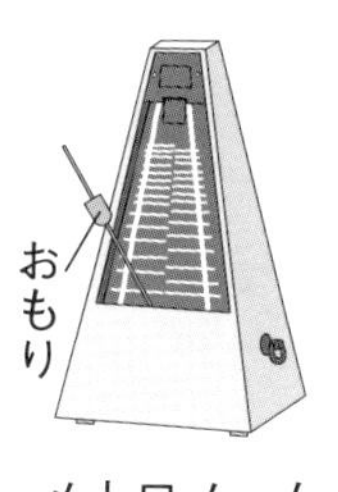

メトロノーム

(3) また、おもりの(①　　　　)を下にさげると、時計が進むのは(②　　　　)なります。

これと同じきまりを利用したものに、(③　　　　)があります。

位置	おそく	メトロノーム

75 電磁石の性質①

月　日

点/40点

次の(　　)にあてはまる言葉を[　　]から選びかきましょう。

（各5点）

(1) 右の図のように、方位磁針（じしん）の上に１本のエナメル線をおき、電流を流しました。エナメル線のまわりに(①　　　　)が発生し、方位磁針の針は(②　　　　)ました。

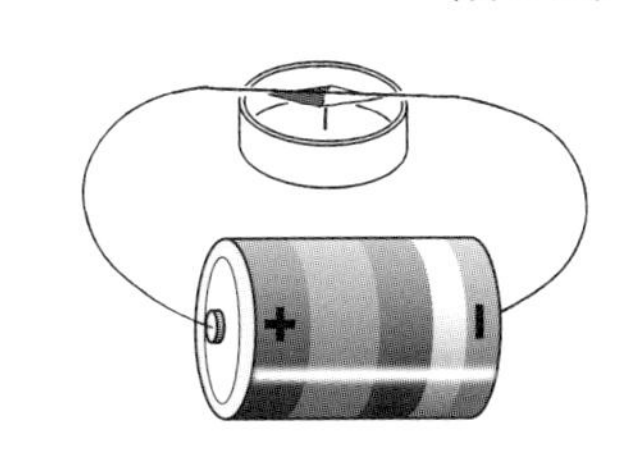

動き　　磁石（じしゃく）の力

(2) 次にエナメル線をまいて、(①　　　　)をつくりました。これに、電流を流すと(②　　　　)が発生しました。

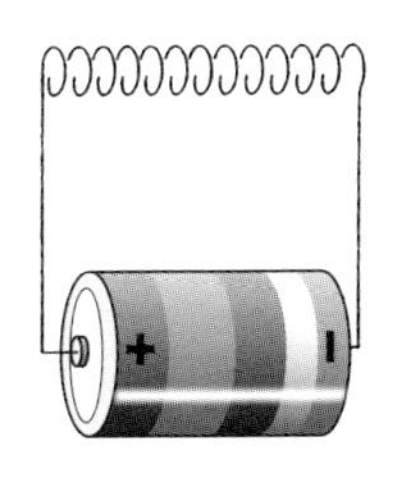

さらに、(①)に鉄のくぎを入れました。これに電流を流すと、(②)が発生し、その力は、前よりも(③　　　　)なりました。

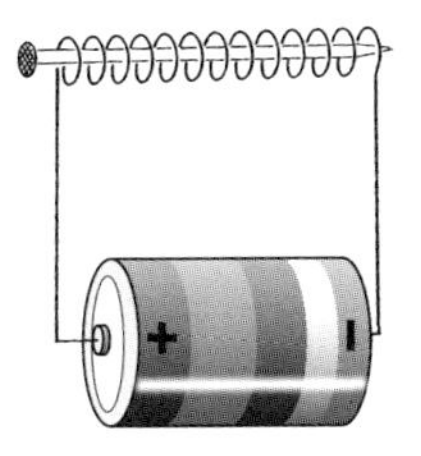

磁石の力　　コイル　　強く

(3) コイルの中に、いろいろなものを入れて電磁石の力が強くなるか調べます。磁石の力が強くなるものに○、そうでないものに×をつけましょう。

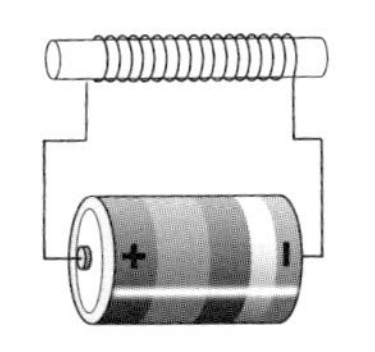

① (　　) 鉄

② (　　) アルミニウム

③ (　　) ガラス

76 電磁石の性質②

月　日

点/40点

◎ 電磁石（でんじしゃく）から鉄しんをぬきました。あとの問いに答えましょう。

（各５点）

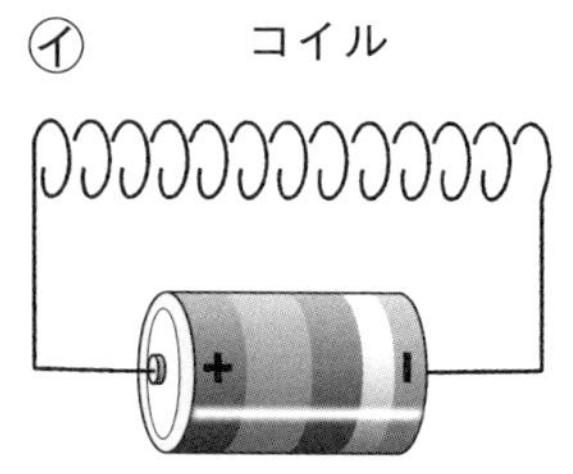

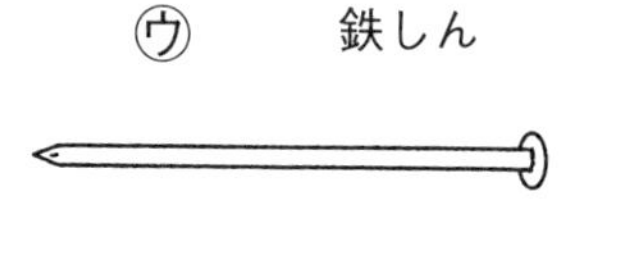

(1) 図を見て、次の文で正しいものには○、まちがっているものには×をつけましょう。

① (　　) 方位磁針（じしん）㋐は、南北をさして止まる。

② (　　) コイル㋑の磁石のはたらきは強くなる。

③ (　　) ぬいた鉄しん㋒は、磁石でなくなる。

④ (　　) 方位磁針㋐は、少しゆれるが、コイルに引きつけられている。

⑤ (　　) コイル㋑は磁石のはたらきがなくなる。

(2) 次の(　　)にあてはまる言葉を□から選びかきましょう。

電磁石の(①　　　　　)のはたらきは、電流を流したときに発生する(②　　　　　)を(③　　　　)ます。

鉄しん	磁石の力	強め

77 電磁石の性質③

月　日

点/40点

磁石(じしゃく)の性質(せいしつ)について、次の問いに答えましょう。　（各８点）

次の(　　)にあてはまる言葉を［　　］から選びかきましょう。

右の図１のように、磁石に鉄のくぎがよく引きつけられる部分を(① 　　　　)といいます。

図１

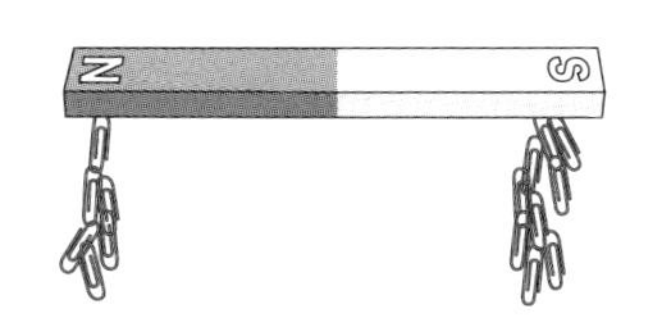

図２のように、磁石を空中にぶら下げると(② 　　　　)極が、北を向いて止まります。

図２

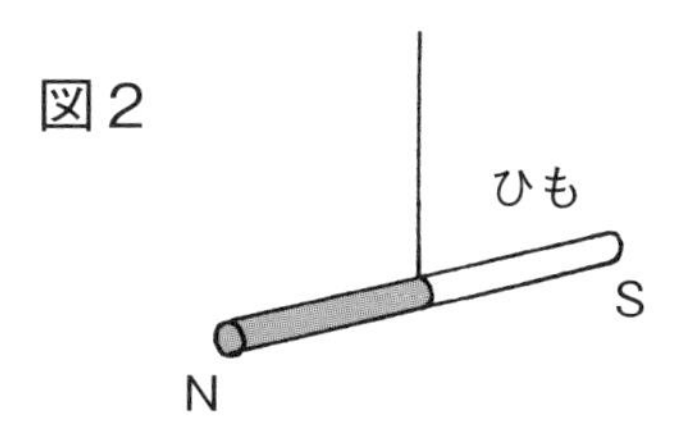

同様に図３のように電磁石を空中にぶら下げると、(③ 　　　　)極が、北を向いて止まります。

次に電池の(④ 　　　　)を変えると電磁石の向きは(⑤ 　　　　)に変わります。

図３

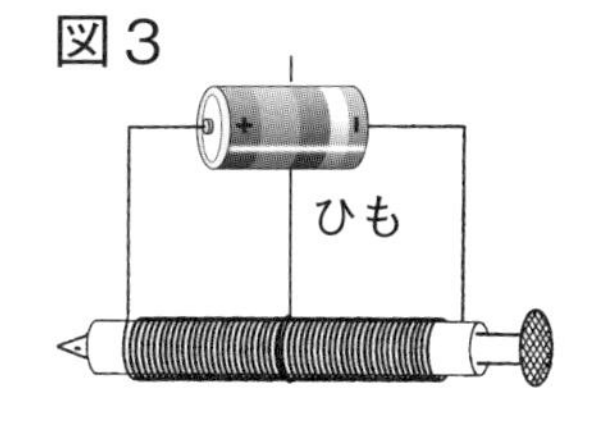

反対　N(エヌ)　N　極　向き

78 電磁石の性質④

月　日

点/40点

方位磁針(じしん)を使って電磁石(でんじしゃく)の極について調べました。（各５点）

(1) 図１のようにつなぎ、方位磁針を近づけました。くぎの先は何極ですか。

（　　　　）

図１

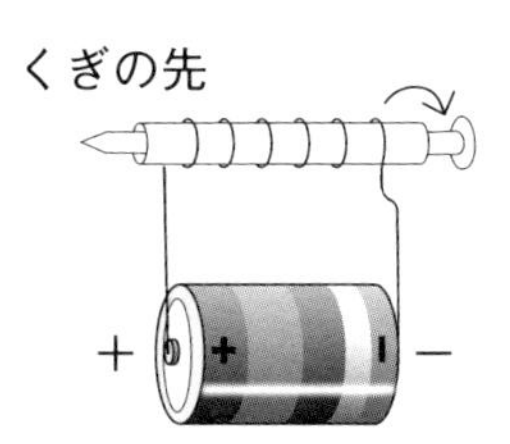

(2) 図２のようにつなぎ、方位磁針を近づけました。くぎの先は何極ですか。

（　　　　）

図２

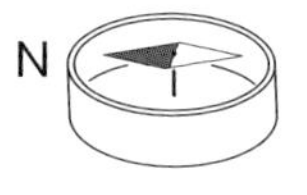

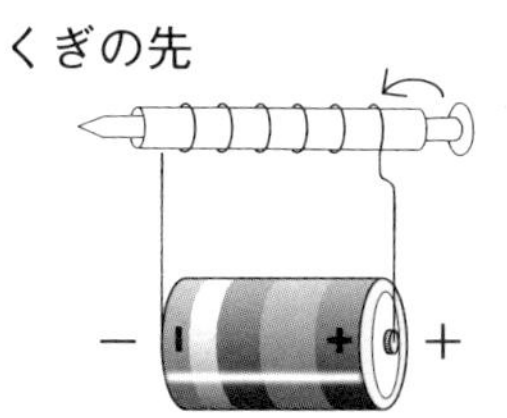

(3) 次の（　　）にあてはまる言葉を□から選びかきましょう。

電磁石は、ふつうの磁石と同じように、（①　　　）と（②　　　）の２つの極があります。

（③　　　）の流れる向きを変えると、N(エヌ)極は（④　　　）に、S(エス)極は（⑤　　　）に変わります。また、（③）を止めると、電磁石のはたらきは（⑥　　　）ます。

S極　S極　N極　N極　止まり　電流

電磁石の性質⑤

月　日

点/40点

◎ 電磁石（でんじしゃく）の強さを調べるために下の図のような実験をしました。（各８点）

1　次の㋐、㋑、㋒を見て、あとの問いに答えましょう。

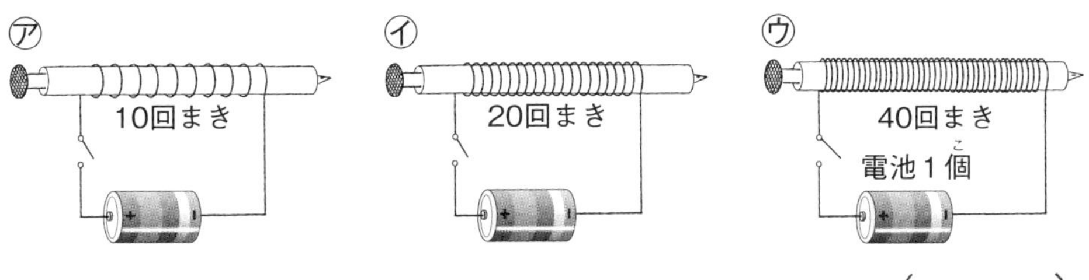

(1)　磁石の力が一番強いものはどれですか。（　　　）

(2)　磁石の力が一番弱いものはどれですか。（　　　）

2　次の㋐、㋑で磁石の力が強いのはどちらですか。（　　　）

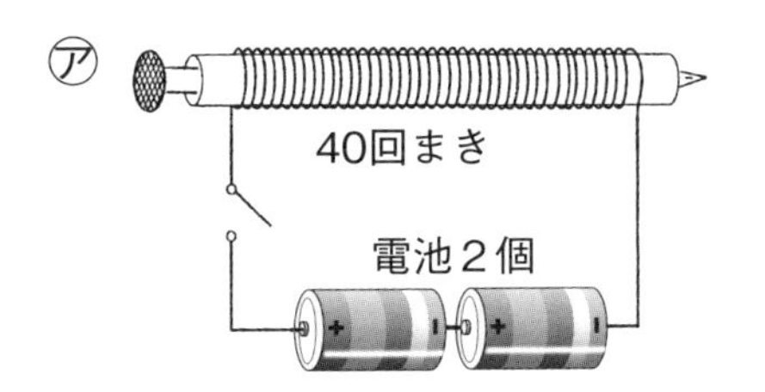

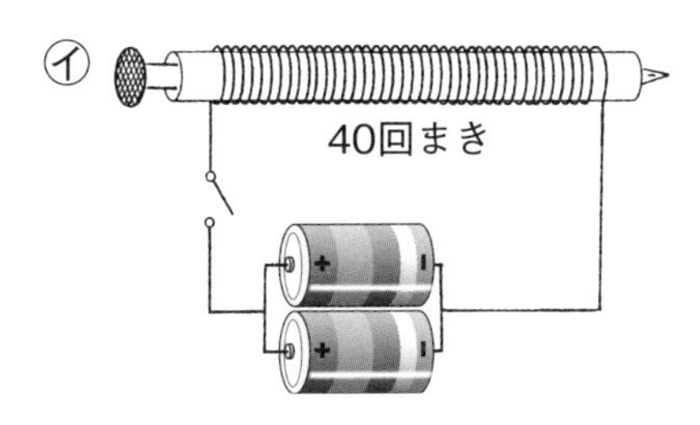

3　次の（　　）にあてはまる言葉を［　　］から選びかきましょう。

より強い電磁石をつくるためには、コイルのまき数は（①　　　　）方がよく、電流は（②　　　　）方がより強い電磁石になります。

［多い　　強い］

80 電磁石の性質⑥

月　日

点/40点

◎ 電磁石（でんじしゃく）のはたらきを調べるために、エナメル線、鉄くぎ、かん電池を使って、次の㋐～㋔のような電磁石をつくりました。

（各８点）

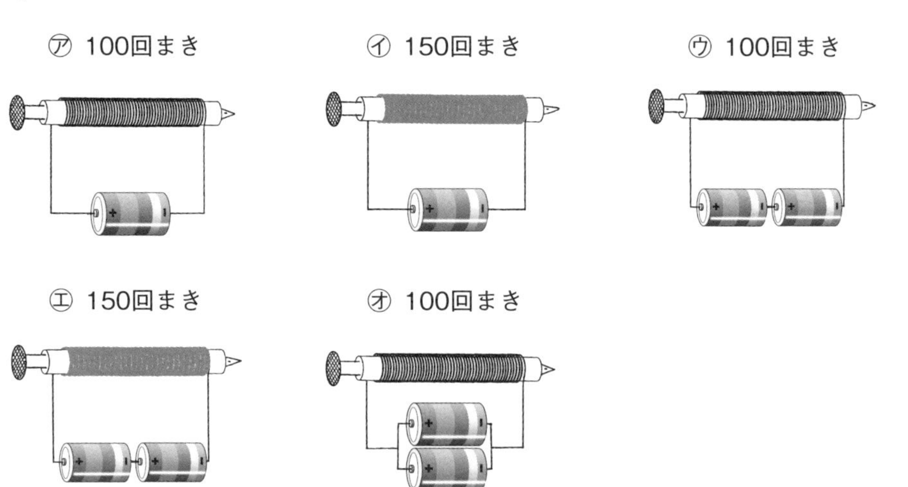

これらの電磁石を使った実験㋐～㋔について、（　　）にあてはまる記号をかきましょう。

(1) エナメル線のまき数と電磁石の強さの関係を調べるためには、㋐と（　　　）を比（くら）べます。

(2) 電流の強さと電磁石の強さの関係を調べるためには、㋐と（①　　　）、㋑と（②　　　）を比べます。

(3) 電磁石の強さが一番強かったのは（　　　）です。

(4) 電磁石の強さが、だいたい同じだったのは、（　　　）と㋔です。

81 電流計・電源そう置①

月　日

点/40点

電流計を使って、回路に流れる電流の強さを調べます。

次の(　　)にあてはまる言葉を[　　]から選びかきましょう。

(各８点)

電流計をつなぐときは、回路に(①　　　　)につなぎます。

電流計の(②　　　　)たんしには、かん電池の＋極からの導線をつなぎます。

電流計の(③　　　　)たんしには、電磁石をつないだ導線をつなぎます。

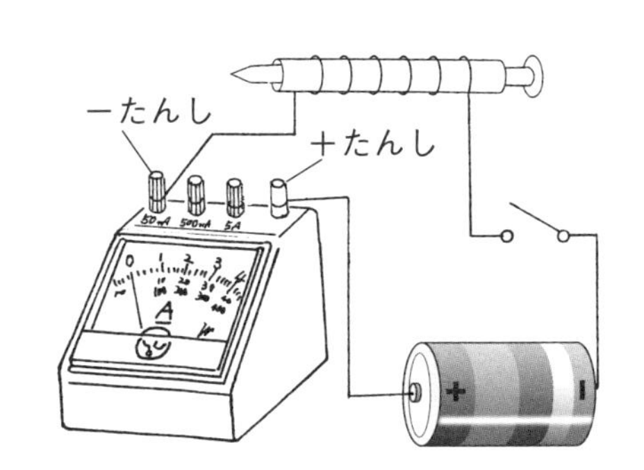

はじめは、最も強い電流がはかれる(④　　　　)のたんしにつなぎます。

針のふれが小さいときは(⑤　　　　)のたんしに、それでも針のふれが小さいときは50mAのたんしにつなぎます。

＋	−	直列	5A	500mA

82 電流計・電源そう置②

月　日

点/40点

1　電源そう置の使い方について、図を見て、次の(　　)にあてはまる言葉を［　］から選びかきましょう。（各5点）

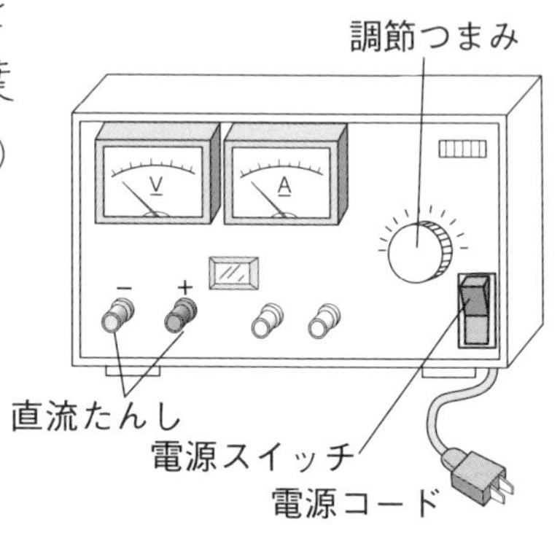

(①　　　　)つまみを0にあわせ、電源スイッチが切れていることを確かめて、電源コードをコンセントにつなぎます。

(②　　　　)たんしには＋と－の2つがあります。これは(③　　　　　)の＋極と－極にあたります。この直流たんしにスイッチや電磁石をつなぎます。スイッチを入れ、調節つまみを少しずつ回します。Vのメーターの針が1.5であれば(④　　　)で、かん電池(⑤　　　　)個分の電圧になります。

直流	かん電池	1.5V	1	調節

2　図は電流計で電流の強さをはかったところです。－たんしが次のとき、電流の強さを右から選び、線で結びましょう。（各5点）

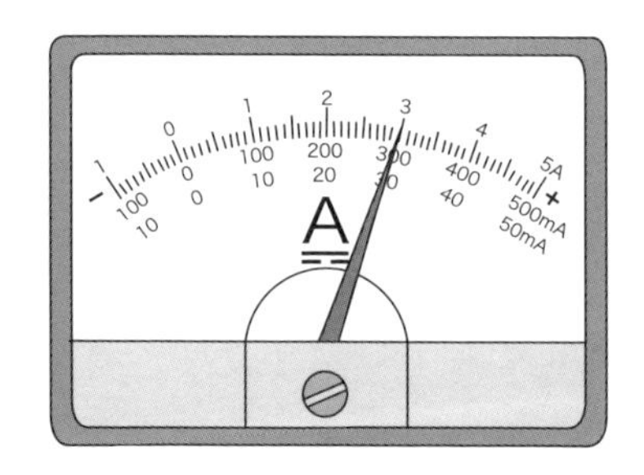

① 5Aのたんし　・　　・ 30mA

② 500mAのたんし　・　　・ 3A

③ 50mAたんし　・　　・ 300mA

83 電磁石の利用①

月　日

点/40点

次の(　　)にあてはまる言葉を[　　]から選びかきましょう。

（各５点）

(1) モーターは(①　　　　)と永久磁石(えいきゅうじしゃく)の性質(せいしつ)を利用したものです。磁石の極が引き合ったり、(②　　　　)することで回転します。(③　　　　)が強くなるほど、電磁石のはたらきも(④　　　　)なり、モーターの回転が(⑤　　　　)なります。

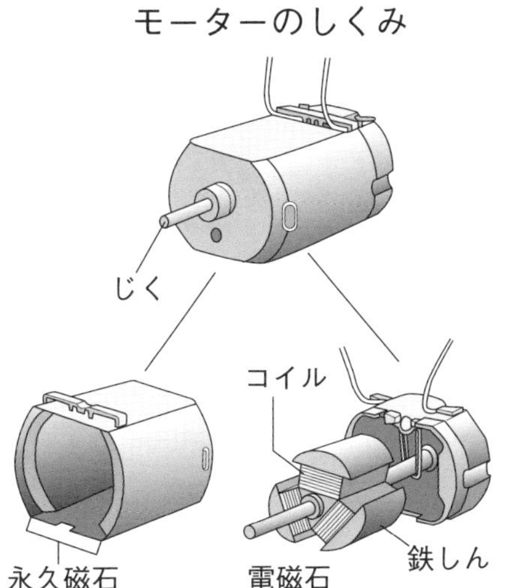

電磁石　　しりぞけ合ったり　　強く　　電流　　速く

(2) ボタン（スイッチ）をおすと鳴る(①　　　　)は、(②　　　　)のはたらきで(③　　　　)のしん動板をつけたり、はなしたりして、音を出します。

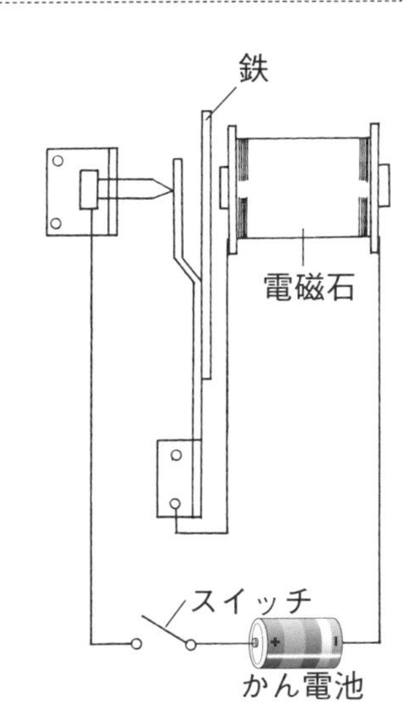

鉄　　ブザー　　電磁石

84 電磁石の利用②

月　日

点/40点

次の(　　)にあてはまる言葉を[　　]から選びかきましょう。

(各5点)

モーターは(①　　　　)と(②　　　　)を組み合わせて、(③　　　　)を流せば回転するようにしたものです。

モーターには、いろいろ大きさがあり、(④　　　　)やミキサーの小型(こがた)モーターのほか、(⑤　　　　)や電気自動車などにも大型モーターが使われています。

リニアモーターカーでは、電磁石(でんじしゃく)の(⑥　　　　)力や(⑦　　　　)力を利用して、車両をうかせたり、進めたりしています。

また、スピーカーのように電磁石のはたらきで(⑧　　　　)を出しているものもあります。

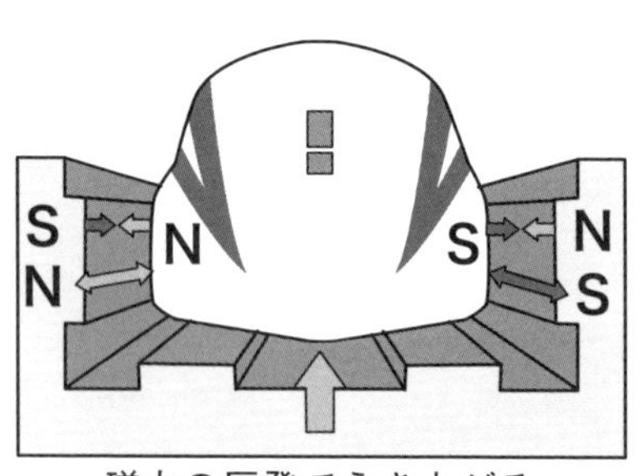

磁力の反発でうき上がる

電流	電磁石	永久(えいきゅう)磁石	せん風機
引き合う	しりぞけ合う	音	電車

1 発芽の条件①

① ある　② ない
③ する　④ しない
⑤ 水

2 発芽の条件②

① ある　② ない
③ する　④ しない
⑤ 空気

3 発芽の条件③

① 適当な　② 低い
③ する　④ しない
⑤ 適当な温度

4 発芽の条件④

(1) ① 土　② 水分
③ 温度　④ 箱
⑤ 発芽
(2) ① 植物　② 冬
③ 低い

5 種子のつくり①

1 ① やわらかく　② 2つ
③ 子葉　④ 養分

2 ① ㋐　② ㋒
③ ㋓　④ ㋑

6 種子のつくり②

(1) ① 種子　② ヨウ素
③ でんぷん　④ 青むらさき色
(2) ① しばらくたったもの
② ヨウ素
③ 変わりません
④ でんぷん

7 植物の成長と日光・養分①

① あてる　② こい緑色
③ うすい緑色　④ 多い
⑤ 少ない　⑥ 太くてしっかり
⑦ 細くてひょろり
⑧ 日光

8 植物の成長と日光・養分②

① 大きく　② 低く
③ うすく　④ 日光
⑤ 肥料

（④，⑤は順不同）

9 雲と天気の変化①

1 ① 形 ② 量
③ 天気の変化 ④ 晴れ
⑤ くもり

2 ㋐ 入道雲 ㋑ うろこ雲
㋒ すじ雲 ㋓ うす雲

10 雲と天気の変化②

(1) ① 記録温度計 ② しつ度計
③ 気圧計 ④ 風向・風力計
(2) ① 南風 ② 風力
③ 雨量 ④ 5mm

11 雲と天気の変化③

(1) ㋐ うろこ雲 ㋑ 入道雲
(2) ㋑
(3) ㋑
(4) ㋐

12 雲と天気の変化④

○のもの ②，③，④，⑤，⑧，⑩
×のもの ①，⑥，⑦，⑨

13 天気の変化のきまり①

(1) ① 西 ② 東
③ 福岡 ④ 東京
(2) ① 雲 ② 西
③ 東 ④ 偏西風

14 天気の変化のきまり②

(1) ① 気象衛星 ② アメダス
③ 各地の天気
(2) ① 1300 ② 雨量
③ 自動的 ④ 雲の動き
⑤ 気象台

15 天気の変化のきまり③

(1) ① 気象衛星の雲画像
② アメダスの雨量
③ 各地の天気
(2) ① 雨量 ② 自動的
③ 雨
(3) Ⓐ くもり Ⓑ 雨

16 天気の変化のきまり④

(1) Ⓐ 晴れ Ⓑ 雨
(2) Ⓐ ㋐ Ⓑ ㋑

17 季節と天気・台風①

(1) ① 南風 ② 変わりやすく
③ 梅雨 ④ 夕立
(2) ① 長雨 ② 台風
③ 北西 ④ 雪

18 季節と天気・台風②

(1) ① 雨や風 ② 災害
③ 南 ④ 夏から秋

⑤　円形

(2)　①　位置　②　気圧

③　風速　④　方角，速さ

（④は順不同）

19 季節と天気・台風③

①　水じょう気　②　風

③　うず　④　台風の目

⑤　雨　⑥　風

⑦　こう水　⑧　土砂くずれ

（⑤，⑥と⑦，⑧は順不同）

20 季節と天気・台風④

(1)　台風の目

(2)　Ⓐ　㋑　Ⓑ　㋒

(3)　南東

21 メダカの飼い方①

1　①　切れこみがない

②　切れこみがある

③　うしろが短い

④　平行四辺形に近い

2　①　×　②　○

③　×　④　○

⑤　×　⑥　×

22 メダカの飼い方②

(1)　①　明るい　②　小石やすな

③　くみおき　④　水草

(2)　①　おすとめす　②　食べ残し

③　１～２回　④　くみおき

23 メダカのたんじょう①

(1)　①　水温　②　たまご

③　水草

(2)　①　丸く　②　すき通って

③　１mm

(3)　①　たまご　②　精子

③　受精卵　④　成長

24 メダカのたんじょう②

(1)　１mm

(2)　㋑

(3)　㋓

(4)　いりません

25 メダカのたんじょう③

㋐ — ㋑（い）
㋑ — ㋓（え）
㋒ — ㋐（あ）
㋓ — ㋔（お）
㋔ — ㋒（う）

26 メダカのたんじょう④

○のもの　②，④，⑥，⑦，⑧

×のもの　①，③，⑤

27 けんび鏡の使い方①

(1) ① つくり　② 解ぼう
③ 400 ～ 600
(2) ① 日光　② 明るい
③ うで
(3) ① せまく　② 対物レンズ
③ 接眼レンズ　④ かけ算の積
（②，③は順不同）

28 けんび鏡の使い方②

① ㋕　② ㋖
③ ㋒　④ ㋓
⑤ ㋔　⑥ ㋐
⑦ ㋑　⑧ ㋗

29 動物のたんじょう①

1 ○をつけるもの
サケ，カエル，カラス
カメ，ゴキブリ
2 ① 600日　② 30日
3 ① ×　② ○
③ △　④ ○

30 動物のたんじょう②

(1) ① 数千～数万
② うみっぱなし
③ 食べられ　④ てき
⑤ 少ない　⑥ 大事に育てる
(2) ① 乳　② イルカ

31 動物のたんじょう③

1 ○をつけるもの
トラ，ウサギ，ネコ
ヒト，ウシ
2 (1) ほ乳類
(2) ㋒，㋓

32 動物のたんじょう④

1 ① △　② ×
③ ○　④ ×
⑤ ×　⑥ ○
⑦ △　⑧ ○
2 (1) 100倍
(2) 親がたまごを大事に育てないで、うみっぱなしにするため

33 ヒトのたんじょう①

(1) ① 精子　② 卵子
③ 受精
(2) ① 受精卵　② 子宮
③ へそのお
(3) ㋐ たいばん　㋑ へそのお
㋒ 子宮　㋓ 羊水

34 ヒトのたんじょう②

① ㋑　② ㋔
③ ㋐　④ ㋒
⑤ ㋓

35 ヒトのたんじょう③

① 羊水　② やわらげ
③ 守る　④ うかんだ
⑤ 手足

36 ヒトのたんじょう④

○のもの　①，②，④，⑤，⑥，⑧
×のもの　③，⑦

37 花のつくり①

(1) ① 花びら　② おしべ
③ めしべ　④ がく
(2) ○のもの　①，③，⑥
×のもの　②，④，⑤

38 花のつくり②

[1] ① めばな　② おばな
③ 花びら　④ めしべ
⑤ がく　⑥ おしべ
[2] ① おしべ　② めしべ
③ おばな　④ ヘチマ
（①，②は順不同）

39 花のつくり③

(1) ① めばな　② 花びら
③ めしべ　④ がく
⑤ おばな　⑥ 花びら
⑦ おしべ　⑧ がく
(2) ⑦
(3) Ⓐ

40 花のつくり④

① Ⓐ　② Ⓑ
③ Ⓐ　④ Ⓑ
⑤ Ⓐ

41 受　粉①

(1) ① 花粉　② けんび鏡
③ めしべ　④ べとべと
(2) ① こん虫　② おしべ
③ めしべ　④ 受粉

42 受　粉②

(1) ① みつ　② 花粉
③ おしべ　④ 受粉
(2) ① めばな　② 上
③ 風　④ めしべ

43 受　粉③

(1) ① 風　② 花粉
③ 受粉　④ めしべ

(2) ① スギ　② 軽い
③ 風　④ 花粉しょう

44 受　粉④

① 花粉　② Ⓐ
③ 実　④ 受粉

45 流れる水のはたらき①

① おそい　② 速い
③ 細かいすな　④ 大雨時
⑤ 小さく

46 流れる水のはたらき②

(1) ① かたむき　② しん食
③ 運ぱん
(②，③は順不同)
(2) ① 小さく　② おそく
③ たい積
(3) ① 速く　② しん食
③ 運ぱん　④ たい積
(②，③は順不同)

47 流れる水のはたらき③

(1) ㋑
(2) ㋐ と ㋓
(3) けずる
(4) ③

48 流れる水のはたらき④

(1) ① 速く　② おそく
③ 中央　④ 川原
(2) ① 速く　② おそく
③ がけ　④ 川原

49 流れる水と土地の変化①

① 速い　② おそい
③ がけ　④ 川原
⑤ 中州　⑥ 角ばった
⑦ 丸みのある　⑧ すな

50 流れる水と土地の変化②

(1) ① 大きく　② 速く
③ しん食　④ 深い谷
(2) ① ゆるやか　② 運ぱん
③ たい積
(3) ① 年月　② 変え
③ 平野

51 流れる水と土地の変化③

(1) ① 山あい　② 平地
③ たい積　④ おうぎ
(2) ① ゆるやか　② 土やすな
③ たい積　④ 三角州

52 流れる水と土地の変化④

① 上流　② 両岸
③ がけ　④ V字谷
⑤ 下流　⑥ 分かれ
⑦ 中州　⑧ 三日月湖

53 川とわたしたちのくらし①

(1) ① 大雨　② 水量
③ 流れ
(2) ① 大きく　② けずられ
③ こう水　④ 土砂
(3) ① 災害　② 農作物
③ 運ぱん

54 川とわたしたちのくらし②

(1) ① 速く　② はたらき
③ けずられ　④ 災害
(2) ① さ防ダム　② 川底
③ ブロック
(3) ① 自然の石　② 近く
③ 遊水池

55 川とわたしたちのくらし③

① 木々　② 大雨
③ 土砂くずれ　④ てい防
⑤ こう水

56 川とわたしたちのくらし④

(1) ① だん差　② 魚
③ 自然の石　④ 植物
⑤ 虫
(2) ① 川岸　② 植物
③ 魚

57 もののとけ方①

① 茶色　② つぶ
③ 茶色　④ のぼって
⑤ 全体

58 もののとけ方②

○のもの　①，④，⑤，⑥，⑦，⑧
×のもの　②，③

59 もののとけ方③

(1) ㋐ ×　㋑ ×
㋒ ○　㋓ ○
(2) あ すき通っている
い すき通って見えない
う 塩味
え うす茶

60 もののとけ方④

① すき通って　② 水よう液
③ 重さ　④ におい
⑤ かき混ぜ

61 水よう液の重さ①

(1) ① 水　② 薬包紙
③ 食塩　④ 重さ
⑤ 同じ
(2) ① 重さ　② 食塩
③ 水よう液

62 水よう液の重さ②

(1) ① 60g　② 見えません
(2) ① 65g　② 見えません

63 器具の使い方①

(1) メスシリンダー
(2) 水平なところ
(3) ① Ⓔ　② 47mL
(4) スポイト

64 器具の使い方②

(1) ① ４つ　② 円すい
③ ろ紙　④ ろうと
(2) ① ビーカー　② ガラスぼう
③ 少しずつ　④ ろ紙

65 水にとけるものの量①

(1) ① 18.0　② 18.6
③ 4.3　④ 8.8
⑤ 28.7
(2) ① 温度　② 多く
③ ことなります

66 水にとけるものの量②

① 限度　② とけ残り
③ 温度　④ 高く
⑤ とける量

67 水にとけるものの量③

(1) 食塩
(2) ① ３倍　② ３倍
(3) ㋐
(4) 19.9g

68 水にとけるものの量④

(1) ㋑
(2) ６g
(3) 同じ
(4) ２g

69 とけているものをとり出す①

(1) ミョウバン
(2) ① ろ過
② ㋐ ガラスぼう
㋑ ろうと
㋒ ろ紙
㋓ ろうと台
㋔ ビーカー
③ ミョウバン

70 とけているものをとり出す②

(1) ① 冷や　② ミョウバン
③ 水　④ じょう発
⑤ ミョウバン

(2) ㋐ じょう発皿　㋑ 金あみ
㋒ 三きゃく

71 ふりこのきまり①

1 ① 1往復　② ふりこの長さ
③ ふれはば

2 ㋐，㋒

72 ふりこのきまり②

(1) ① ふりこ　② 水平の長さ
③ ふれはば　④ 中心

(2) ① 位置　② 10
③ 3　④ 平均

73 ふりこのきまり③

(1) ㋒

(2) ㋑

(3) ㋐ と ㋓

(4) ① 長さ　② 60cm
③ 1往復する時間　④ 長さ

74 ふりこのきまり④

(1) ① ふりこ　② 同じ

(2) ① 位置　② 短く
③ 速く

(3) ① 位置　② おそく
③ メトロノーム

75 電磁石の性質①

(1) ① 磁石の力　② 動き

(2) ① コイル　② 磁石の力
③ 強く

(3) ① ○　② ×
③ ×

76 電磁石の性質②

(1) ○のもの　③，④
×のもの　①，②，⑤

(2) ① 鉄しん　② 磁石の力
③ 強め

77 電磁石の性質③

① 極　② N
③ N　④ 向き
⑤ 反対

78 電磁石の性質④

(1) S極

(2) N極

(3) ① S極　② N極
③ 電流　④ S極
⑤ N極　⑥ 止まり
（①，②は順不同）

79 電磁石の性質⑤

1 (1) ㋒
(2) ㋐

2 ㋐

3 ① 多い　② 強い

80 電磁石の性質⑥

(1) ㋑

(2) ① ㋒　② ㋓

(3) ㋓

(4) ㋐

81 電流計・電源そう置①

① 直列　② ＋

③ －　④ 5 A

⑤ 500mA

82 電流計・電源そう置②

1 ① 調節　② 直流
③ かん電池　④ 1.5 V
⑤ 1

2 ① 5 Aのたんし —— 3 A
② 500mAのたんし —— 300mA
③ 50mAたんし —— 30mA

83 電磁石の利用①

(1) ① 電磁石
② しりぞけ合ったり
③ 電流
④ 強く
⑤ 速く

(2) ① ブザー　② 電磁石
③ 鉄

84 電磁石の利用②

① 電磁石　② 永久磁石

③ 電流　④ せん風機

⑤ 電車　⑥ 引き合う

⑦ しりぞけ合う　⑧ 音

(①, ②と⑥, ⑦は順不同)